Wissenschaft und Hypothese

Sammlung von Einzeldarstellungen aus dem Gesamtgebiete der Wissenschaften mit besonderer Berücksichtigung ihrer Grundlagen und Methoden, ihrer Endziele u. Anwendungen

Wissenschaft und Methode. Von H. Poincaré. Deutsch von F. und L. Lindemann. 1914. XVII. Bd.

Der Wert der Wissenschaft. Von H. Poincaré. Deutsch von E. u. H. Weber. Mit einem Vorwort des Verfassers. 3. Aufl. 1921. II. Bd.

Probleme der Wissenschaft. Von F. Enriques. Deutsch von K. Grelling. 2 Teile. 1910. XI. Bd.
  I. Teil: Wirklichkeit und Logik.
  II. — Die Grundbegriffe der Wissenschaft.

Wissenschaft und Wirklichkeit. Von M. Frischeisen-Köhler. 1912. XV. Bd.

Das Weltproblem vom Standpunkte des relativistischen Positivismus aus. Historisch-kritisch dargestellt von J. Petzoldt. 4. Aufl. unter besonderer Berücksichtigung der Relativitätstheorie. 1924. XIV. Bd.

Wissenschaft und Religion in der Philosophie unserer Zeit. Von É. Boutroux. Deutsch von E. Weber. Mit Einführungswort von H. Holtzmann. 1910. X. Bd.

Mythenbildung und Erkenntnis. Eine Abhandlung über die Grundlagen der Philosophie. Von G. F. Lipps. 1907. III. Bd.

Probleme der Sozialphilosophie. Von R. Michels. 1914. XVIII. Bd.

Verlag von B. G. Teubner in Leipzig und Berlin

Wissenschaft und Hypothese

Ethik als Kritik der Weltgeschichte. Von A. Görland. 1914. XIX. Bd.

Geschichte der Psychologie. Von O. Klemm. 1911. VIII. Bd.

Grundlagen der Psychologie. Von Th. Ziehen. 1915. In 2 Bänden. XX./XXI. Bd.

Wissenschaft und Hypothese. Von H. Poincaré. Deutsch von F. u. L. Lindemann. 3. Aufl. 1914. I. Bd.

Erkenntnistheoretische Grundzüge d. Naturwissenschaften und ihre Beziehungen zum Geistesleben der Gegenwart. Von P. Volkmann. 2. Aufl. 1910. IX. Bd.

Über Individualität in Natur- und Geisteswelt. Begriffliches und Tatsächliches. Von Th. L. Haering. 1927. XXX. Bd.

Zur Geschichte der Logik. Grundlagen und Aufbau der Wissenschaft im Urteil der mathemat. Denker. Von F. Enriques. Deutsch von L. Bieberbach. [U. d. Pr. 1926.] XXVI. Bd.

Die logischen Grundlagen der exakten Wissenschaften. Von P. Natorp. 3. Aufl. 1923. XII. Bd.

Das Wissenschaftsideal der Mathematiker. Von P. Boutroux. Übersetzt von H. Pollaczek. [U. d. Pr. 1926.] XXVIII. Bd.

Über den Bildungswert der Mathematik. Ein Beitrag zur philosophischen Pädagogik. Von W. Birkemeier. 1923. XXV. Bd.

Das Wissen der Gegenwart in Mathematik und Naturwissenschaft. Von É. Picard. Deutsch von F. u. L. Lindemann. 1913. XVI. Bd.

Verlag von B. G. Teubner in Leipzig und Berlin

Wissenschaft und Hypothese

Zehn Vorlesungen zur Grundlegung der Mengenlehre. Von A. Fraenkel. [U. d. Pr. 1926.]

Die philosophischen Grundlagen der Wahrscheinlichkeitsrechnung. Von E. Czuber. 1923. XXIV. Bd.

Die nichteuklidische Geometrie. Histor.-krit. Darstellung ihrer Entwicklung. Von R. Bonola. Deutsch von H. Liebmann. 3. Aufl. Mit 52 Fig. 1921. IV. Bd.

Grundlagen der Geometrie. Von D. Hilbert. 6. Aufl. Mit zahlr. i. d. Text gedruckten Fig. 1923. VII. Bd.

Die Grundbegriffe der reinen Geometrie in ihrem Verhältnis zur Anschauung. Untersuchungen zur psychologischen Vorgeschichte der Definitionen, Axiome und Postulate. Von R. Strohal. Mit 13 Fig. im Text. XXVII. Bd.

Die vierte Dimension. Eine Einführung in das vergleichende Studium der verschiedenen Geometrien. Von Hk. de Vries. Nach der zweiten holländischen Ausgabe ins Deutsche übersetzt von Frau Dr. R. Struik. Mit 35 Fig. im Text. 1927. XXIX. Bd.

Physik und Erkenntnistheorie. Von E. Gehrcke. 1921. XXII. Bd.

Relativitätstheorie und Erkenntnislehre. Eine Untersuchung über die erkenntnistheoretischen Grundlagen der Einsteinschen Theorie und die Bedeutung ihrer Ergebnisse für die allgem. Probleme des Naturerkennens. Von J. Winternitz. 1923. XXIII. Bd.

Das Prinzip der Erhaltung der Energie. Von M. Planck. 5. Aufl. 1925. VI. Bd.

Ebbe und Flut sowie verwandte Erscheinungen im Sonnensystem. Von G. H. Darwin. Deutsch von A. Pockels. 2. Aufl. Mit einem Einführungswort von G. v. Neumayer und 52 Illustrationen. 1911. V. Bd.

Pflanzengeographische Wandlungen der deutschen Landschaft. Von H. Hausrath. 1911. XIII. Bd.

Die Sammlung wird fortgesetzt.

Verlag von B. G. Teubner in Leipzig und Berlin

WISSENSCHAFT UND HYPOTHESE
XXIX

DIE VIERTE DIMENSION

EINE EINFÜHRUNG IN DAS VERGLEICHENDE
STUDIUM DER VERSCHIEDENEN GEOMETRIEN

VON

DR. HK. DE VRIES
ORD. PROF. DER MATHEMATIK AN
DER UNIVERSITÄT ZU AMSTERDAM

NACH DER ZWEITEN HOLLÄNDISCHEN
AUSGABE INS DEUTSCHE ÜBERTRAGEN
VON
FRAU DR. RUTH STRUIK

MIT 35 FIGUREN IM TEXT

1926

SPRINGER FACHMEDIEN WIESBADEN GMBH

ISBN 978-3-663-15492-1   ISBN 978-3-663-16064-9 (eBook)
DOI 10.1007/978-3-663-16064-9
Softcover reprint of the hardcover 1st edition 1926

ALLE RECHTE,
EINSCHLIESSLICH DES ÜBERSETZUNGSRECHTS, VORBEHALTEN.

Vorwort.

Die vorliegende Darstellung ist hervorgegangen aus dem Wunsche, die Gedankenwelt der mehrdimensionalen und nicht-euklidischen Geometrien denen zu eröffnen, die nicht willens oder in der Lage sind, streng methodische und erschöpfende Behandlungen dieser Disziplinen zu studieren. Sie will also allgemeinhin eine Einführung sein, insonderheit dem angehenden Mathematiker zur vorläufigen Orientierung und demjenigen, der sich dem Studium der modernen Physik zuwenden will, dazu dienen, sich ohne zu große Schwierigkeiten das Notwendige aus den behandelten Gebieten zu eigen zu machen; nach der Aussage namhafter holländischer Physiker darf der Verfasser seinen Versuch in dieser Hinsicht als im großen Ganzen gelungen betrachten.

Frau Dr. Ruth Struik, die scharfsinnige Gemahlin des bekannten holländischen Differentialgeometers, hat aus eigenem Antrieb dem Verfasser den schmeichelhaften Vorschlag gemacht, die im Jahre 1925 erschienene zweite, vermehrte und verbesserte Auflage der holländischen Originalausgabe ins Deutsche zu übertragen; es ist ihm eine angenehme Pflicht, der Übersetzerin auch hier seinen verbindlichsten Dank dafür darzubringen. Ebenso fühlt er sich der Firma B. G. Teubner gegenüber zu großem Dank verpflichtet für die wohlwollende Zuvorkommenheit, mit der sie sich bereit erklärt hat, die deutsche Übersetzung in der angesehenen Sammlung „Wissenschaft und Hypothese" erscheinen zu lassen.

Amsterdam, im Juni 1926.

Hk. de Vries.

Inhalt.

	Seite
Vorwort	III
Einleitung	1—4

Erster Teil.
Die euklidische mehrdimensionale Geometrie.

1. Definition des Wortes „Punkt".................... 4—6
   Die Unzulänglichkeit der gebräuchlichen Definition. Die strenge Definition, durch welche die Geometrie ihrer Anschaulichkeit beraubt und zu einem Kapitel der Arithmetik gemacht wird. Auffassungen und Aussprüche von Leopold Kronecker, Felix Klein, Carl Friedrich Gauß.

2. Euklid .... 6—9
   Alexandrien unter der Herrschaft von Ptolemäus Soter, dem früheren Feldherrn Alexanders des Großen. Das „Museum" und Euklid.

3. Das Buch der „Elemente" .... 9—12
   Thales von Milet. Eudoxus. Theätet. Archimedes. Die Entdeckung des Fluchtpunktes in der Perspektive.

4. Punkt, Gerade, Ebene .... 13—17
   Die Definitionen, Postulate und Axiome aus dem ersten Buch der „Elemente". Der Punkt, die Gerade und die Ebene nach Euklid. Die modernen Definitionen und Postulate über die Gerade und die Ebene. Parallele Geraden. Die Geometrie arithmetisiert.

5. Der lineare dreidimensionale Raum R_3 .... 18—22

6. Der lineare vierdimensionale und höhere Räume .. 22—26
   Der lineare vierdimensionale und höhere Räume. Ebenen in R_4, die R_3 in einer Gerade schneiden. Ebenen in R_4, die sich in einem Punkte schneiden, statt in einer Gerade. Die linearen Räume R_5, R_6. Die Geometrie in R_4 arithmetisiert.

Inhalt V

7. Der Punktwert eines Raumes. Das Simplex. Die Diagramme von Schlegel . . . . 26—30
Verschiedene Arten, einen Raum zu bestimmen. Das Simplex. Die Diagramme von Schlegel, insbesondere das des Fünfzells S_5.

8. Der Raum, bestimmt durch zwei Räume, die einander kreuzen oder schneiden . . . . 30—35
Der Raum, der durch zwei sich kreuzende Geraden bestimmt ist. Die Formeln $w = w_1 + w_2$, und $d = d_1 + d_2 + 1$. Der umgekehrte Fall, nämlich das Spalten eines Simplex in zwei andere. Ein Raum, bestimmt durch zwei Räume, die einen Raum gemeinsam haben. Die Formeln $w = w_1 + w_2 - w_{12}$, und $d = d_1 + d_2 - d_{12}$. Beispiele. Der Fall des Parallelismus.

9. Unendlich ferne Punkte. Girard Desargues. Johannes Kepler . . . . 35—39
Der Begriff „unendlich ferner Punkt", eingeführt, um parallele Geraden als schneidende behandeln zu können. Der Lyoner Architekt Girard Desargues (1593—1662), und der Astronom Johannes Kepler (1571—1630), in deren Schriften dieser Begriff zuerst vorkommt.

10. Jean Victor Poncelet und sein „Traité des propriétés projectives des figures" . . . . 39—42
Jean Victor Poncelet (1788—1868) und sein „Traité des propriétés projectives des figures", wo die unendlich fernen Punkte zum zweiten Male, und nun endgültig, eingeführt werden, und die Schlußfolgerungen über das Unendliche der Ebene und des Raumes gezogen werden. Das Unendliche eines R_d.

11. Vollständiger und teilweiser Parallelismus. Der „Grad" des Parallelismus zweier Figuren . . . . . . 42—45

12. Der Raum R_3^n, in R_4 senkrecht auf einer Gerade stehend. 45—48
Der Raum R_3^n, der in R_4 auf einer Gerade senkrecht steht, und das Cartesische Koordinatensystem in R_4. Der Raum R_{d-1}^n, der in R_d senkrecht auf einer Gerade steht.

13. Absolut normale Ebenen in R_4. Die auf einem R_3 senkrechte Gerade . . . . 48—51

14. Drehen eines R_3 um eine Ebene, eine Gerade oder einen Punkt. Die Hypersphäre . . . . 51—55
Zwei auf einer dritten absolut senkrechte Ebenen sind untereinander parallel. Drehen des R_4 um eine Ebene, eine Gerade und einen Punkt. Die Hypersphäre. Drehung eines Dreiecks durch R_3 um eine Gerade seiner Ebene. Drehung eines Tetraeders

VI   Inhalt

Seite

durch R_4 um eine Ebene seines Raumes. Ein rechter Handschuh, der nach der Drehung an die linke Hand paßt. Der Unterschied zwischen rechtem und linkem Handschuh in R_4 aufgehoben.

15. Teilweise senkrechte Räume. Der Grad des Senkrechtstehens .... 56—59
    Senkrecht einander zugeordnete unendlich ferne Elemente: Punkt, Ebene. Der Grad des Senkrechtseins zweier Räume. Ebene und R_3 halb senkrecht aufeinander. Zwei R_3's $\frac{1}{3}$ senkrecht aufeinander. Halbsenkrechte Ebenen. Ebenen, die halbsenkrecht und zugleich halbparallel sind. Stereometrisch senkrechte Ebenen.

16. Winkel zwischen Gerade und Raum. Winkel zwischen Ebene und Raum .... 60—65
    Neigungswinkel. Die Projektion einer Gerade auf einen R_3 und der Neigungswinkel Gerade—Raum. Minimumeigenschaft. Die Projektion einer Ebene auf einen R_3 und der Neigungswinkel Ebene—Raum. Relative Minimum- und Maximumeigenschaften. Der Winkel zwischen zwei Räumen.

17. Über die Anzahl der Neigungswinkel zweier Räume. Die beiden Neigungswinkel zweier Ebenen ..... 65—69
    Der (einzige) Neigungswinkel Gerade—Raum, Ebene—Raum, zweier Räume. Der allgemeine Satz für R_{d_1} und R_{d_2} ($d_1 \leq d_2$), die nur einen Punkt gemeinsam haben. Die beiden Neigungswinkel zweier Ebenen. Der Zusammenhang zwischen diesem Problem und dem von Gergonne: die Transversalen von vier einander kreuzenden Geraden zu finden. Die Ebenen der beiden Neigungswinkel φ und ψ stehen absolut senkrecht aufeinander.

18. Fortsetzung über Neigungswinkel zweier Ebenen .. 70—74
    Beweis, daß zwei Ebenen nicht mehr als zwei Neigungswinkel besitzen. Der größere der beiden Neigungswinkel ist ein relatives Maximum. Die Projektion eines Kreises in der einen Ebene auf die andere ist eine Ellipse, deren Achsen die Richtungen der Schenkel beider Neigungswinkel haben.

19. Der Fall zweier gleicher Neigungswinkel und der Fall eines einzigen Neigungswinkels .... 74—77
    Tatsächlich gibt es in diesem Falle unendlich viele, die alle gleich groß sind. Die Projektion eines Kreises ist wieder ein Kreis, nur mit kleinerem Radius, und die unendlich fernen Geraden der beiden Ebenen und die ihnen senkrecht zugeordneten Geraden haben hyperboloidische Lage. Der Fall $\varphi = 0$; die beiden Ebenen liegen in einem R_3; die unendlich fernen Geraden und

Inhalt

ihre senkrecht zugeordneten haben zwei Punkte gemein; die Ebene des Nullwinkels bleibt aber bestimmt. Die beiden Ebenen halbsenkrecht; auch jetzt haben die unendlich fernen Geraden zwei Punkte gemeinsam, sie sind aber auf andere Weise gepaart.

20. Regelmäßige Polytope. Das regelmäßige Fünfzell . 77—81
Vierdimensionale Polytope. Regelmäßige Polytope. Das regelmäßige Simplex oder das regelmäßige Fünfzell.

21. Das Maßpolytop oder das regelmäßige Achtzell . . 81—83

22. Das regelmäßige Sechzehnzell . . . . 83—85

23. Das regelmäßige Vierundzwanzigzell . . . . 85—89

24. Die übrigen regelmäßigen Polytope von R_4 . . . . . 89—92
Die beiden übrigen regelmäßigen Polytope von R_4. Das 120- und das 600-Zell. Beweis, daß mehr als sechs regelmäßige Zelle in R_4 nicht möglich sind. Die drei regelmäßigen Polytope in R_n $(n > 4)$.

Zweiter Teil.
Nicht-euklidische Geometrie.

25. Einleitung. Die Postulate Euklids, insbesondere das fünfte . . . . 92—94

26. Das fünfte Postulat und die parallelen Geraden . . 95—99
Beweis für das Vorhandensein paralleler Geraden, wenn man annimmt, daß die Gerade die Ebene in zwei völlig getrennte Teile zerteilt. Äquivalenz der zwei genannten Postulate. Aus dem fünften Postulat folgt, daß die Winkelsumme eines Dreiecks zwei Rechte ist.

27. Saccheri, Lambert, Gauß, Lobatschefskij und Joh. Bolyai. Die Hypothese vom rechten, spitzen und stumpfen Winkel . . . . 99—102
Der italienische Jesuitenpater Saccheri und sein Buch: „Euclides ab omni naevo vindicatus." Gauß, Lobatschefskij und Johann Bolyai. Das fünfte Postulat ist nur eine gegenseitige Verabredung, „une convention", nach Poincaré. Das Viereck mit drei rechten Winkeln von Lambert und das Viereck mit zwei rechten Winkeln an der Basis und zwei gleichen auf der Basis aufstehenden Seiten von Saccheri. Die Hypothese vom rechten, spitzen und stumpfen Winkel.

Inhalt

28. Einige Eigenschaften des Vierecks von Saccheri . 102—105
    Je nachdem die Hypothese vom spitzen, stumpfen oder
    rechten Winkel gilt. Die beiden spitzen Winkel in einem
    rechtwinkligen Dreieck eine Folge des sechsten Postulats.

29. Über zwei Vierecke von Saccheri mit derselben
    Basis und verschiedenen Höhen .... 105—108
    Beweis, daß in zwei Vierecken von Saccheri mit derselben
    Basis und verschiedenen Höhen die Scheitelwinkel von der
    gleichen Art sind, vorausgesetzt, daß das sechste Postulat gilt.

30. Zwei Vierecke von Saccheri mit derselben Höhe und
    verschiedenen Grundlinien. Der allgemeine Fall. Die
    Winkelsumme eines Dreiecks .... 108—112

31. Die Sätze von Legendre, Riemann und Gauß ... 112—116
    Die Sätze von Legendre über die Winkelsumme eines
    Dreiecks. Die Geometrie auf der Kugel, das Beispiel einer
    Geometrie, die sich auf die Hypothese vom stumpfen Winkel
    stützt. Riemanns Rede von 1854. Die Entdeckung der nicht-
    euklidischen Geometrie durch Gauß.

32. Die Hypothese vom rechten Winkel und die Geo-
    metrie von Euklid. Das archimedische Axiom . . 116—120
    Die nicht-archimedischen Geometrien.

33. Die Hypothese vom spitzen Winkel und die Geo-
    metrie von Lobatschefskij-Bolyai .... 120—125
    Schneidende und Nichtschneidende. Die beiden parallelen
    Geraden durch einen Punkt. Hyperbolische, elliptische und
    parabolische Geometrie.

34. Die Hypothese vom stumpfen Winkel und die Geo-
    metrie von Riemann................ 125—130
    Beweis, daß zwei Geraden einander stets schneiden.

35. Eigenschaften der Riemannschen Geraden .... 130—134
    Ihre beiden Mittelpunkte. Punkt und Gegenpunkt. Die
    Riemannsche Gerade ist geschlossen und hat eine endliche
    Länge. Das Normalgebiet. Die einfach- und doppelt-
    elliptische Geometrie. Felix Klein. Analogie mit der
    Geometrie auf der Kugel.

36. Über geometrische Abbildungen. Abbildungen der
    beiden elliptischen Geometrien .... 134—141
    Über geometrische Abbildungen im allgemeinen. Ein-
    eindeutige Abbildungen. Die stereographische Projektion.
    Konforme Abbildung. Abbildung der doppelt-elliptischen
    Planimetrie auf die Kugel, und hierauf durch stereo-

Inhalt. IX

graphische Projektion auf die Ebene. Abbildung der
doppelt-elliptischen Stereometrie auf die Hypersphäre, und
hierauf durch stereographische Projektion auf R_3. Abbildung
der Kleinschen elliptischen Geometrie auf die Geraden,
Ebenen und R_3-Räume eines R_4 durch einen Punkt.

37. Über die Inversion und die Abbildung der hyper-
bolischen Ebene auf die eine Hälfte der euklidischen   141—145
Die Inversion in der Ebene. Einige ihrer Eigenschaften.
Auch die Inversion ist eine konforme Abbildung. Abbildung
der hyperbolischen Ebene auf die eine Hälfte der euklidischen.
Die „Pseudogeraden" sind Halbkreise, die alle ihren Mittel-
punkt auf derselben Geraden haben. Beweis, daß die
Winkelsumme eines Dreiecks kleiner als zwei Rechte ist.

38. Die hyperbolische Stereometrie. Das hyperbolische
Längenmaß. Der Parallelwinkel . . . .   145—149
Abbildung der hyperbolischen Stereometrie auf die eine Hälfte
des euklidischen Raumes. Die Formel für die Pseudolänge.
Ihre Anwendung auf die Bestimmung des Parallelwinkels.

39. Kreis, Grenzlinie (Horizykl) und Abstandslinie
(Hyperzykl) . . . .   150—153
Der Kreis, die Grenzlinie oder Horizykl und die Abstandslinie oder Hyperzykl. Abbildung eines Kreises, einer Grenzlinie, einer Abstandslinie.

40. Sätze über die Inhalte von Vierecken und Dreiecken   153—157
Sätze über die Inhalte der Vierecke von Lambert und Saccheri
und Inhalte von Dreiecken. Der geometrische Ort der
Scheitel aller Dreiecke mit derselben Grundlinie und demselben Flächeninhalt ist ein Hyperzykl. Das Verwandeln
eines Dreiecks in ein anderes mit derselben Grundlinie und
demselben Inhalt, wenn eine der auf der Grundlinie aufstehenden Seiten oder ein Winkel an der Basis gegeben ist.

41. Über den Inhalt von Dreiecken und Vielecken . .   157—161
Der Inhalt von Dreieck und Vieleck gleich dem Exzeß oder
Defekt. Der Inhalt des Dreiecks mit drei Nullwinkeln
gleich π. Im unendlich Kleinen der hyperbolischen Geometrie gilt die Geometrie von Euklid. Gauß.

42. Über pseudosphärische Flächen. Die Begründer der
mehrdimensionalen Geometrie . . . .   161—165
Über pseudosphärische Flächen und die Pseudosphäre von
Beltrami. Die Begründer der mehrdimensionalen Geometrie:
Hermann Graßmann, Ludwig Schläfli.

Einleitung.

Der Titel dieses Büchleins deckt sich nur ungefähr zur Hälfte mit dem Inhalt. Er ist gewählt worden, weil er kurz ist und doch, wenn auch nur zum Teil, die Richtung angibt, in die der Verfasser seine Leser zu führen wünscht; in dieser Einleitung aber soll das Ziel, das ihm vor Augen geschwebt hat, etwas ausführlicher umschrieben werden. Denn dieses Ziel war durchaus nicht den im Umlauf befindlichen Lehrbüchern der Geometrie: — I. Teil: Die Planimetrie, II.: Die Stereometrie — einen III. Teil mit dem Titel: Die vierdimensionale Geometrie, hinzuzufügen; im Gegenteil, der Verfasser wünscht einerseits weniger, anderseits mehr zu geben. Er wünscht durchaus nicht eine vollständige systematische Darlegung der mehrdimensionalen Geometrie zu geben, selbst nicht von dem Teil, der nur elementare mathematische Vorkenntnisse erfordert, um verstanden zu werden; aber dafür wünscht er anderseits auch über die sogenannten nicht-euklidischen Geometrien zu sprechen, über die Geometrien also, bei denen die Winkelsumme eines geradlinig begrenzten Dreiecks größer oder kleiner als 180° ist, und bei denen die Sätze über parallele Geraden entweder wegfallen, oder ganz anders lauten als wir von jung auf gewöhnt sind. Genug, der Verfasser wünscht in diesem Büchlein Leser mit nur bescheidenen mathematischen Kenntnissen, aber mit einer gewissen Reife des Urteils, Unbefangenheit des Blicks und Unbeschränktheit des Geistes, in die Ideen einzuführen, die anfangs nur einige wenige, auf die Dauer immer mehr, und endlich alle mathematischen Geister in Aufregung versetzt haben, und die uns einsehen lehrten, daß einerseits die Stereometrie oder dreidimensionale Geometrie nicht das letzte, sondern nur das dritte Glied einer Kette ist, die unendlich lang ist, und bei der das n-te Glied die n-dimensionale Geometrie bedeutet, und daß anderseits die Geometrie, die wir von Kindesbeinen an betrieben haben, und deren Theoremen man uns gelehrt hatte die Unumstößlichkeit von Felsen zuzuerkennen, da sie doch auf das unverwüstliche Fundament der Logik gegründet schienen und daher unantastbar waren, unter anderem auf einer ganz willkürlichen Annahme beruht, und wie ein Kartenhaus zusammenstürzt, sobald man diese Annahme durch andere, logisch nicht weniger mögliche, ersetzt. „Aber wieso," höre ich rufen, „wie ist es nur möglich, daß unsere Geometrie wie ein Kartenhaus zusammenstürzt; wie können insbesondere unsere Sätze über parallele Geraden, über Innen- und Außenwinkel auf derselben oder nicht auf derselben Seite der Schnittlinie, durch andere ersetzt werden, wo man es doch vor seinen Augen sieht, daß sie gerade so richtig sind, wie wir sie auszudrücken gewohnt sind." Hierauf kann man folgendes antworten.

Erstens sind auch die allerfeinsten Bleistiftstriche keine mathematischen Linien, und am allerwenigsten gerade Linien; doch abgesehen davon: sieht man wirklich, daß zwei solche äußerst feine Striche, wenn sie von einem dritten geschnitten werden, genügend verlängert, sich schneiden, wenn die Summe der Innenwinkel auf der einen Seite der Schnittlinie z. B. nur eine einzige Bogensekunde weniger als 180^0 beträgt? Keine Rede. Auf unser Auge können wir uns sehr wenig verlassen, wenn wir beurteilen wollen, wie die Dinge wirklich sind; man denke nur an die Astronomie, wo ungefähr alles gerade umgekehrt ist als es sich uns zeigt.

Aber auch davon abgesehen und angenommen, daß wir wirklich sehen könnten, daß es so sei, auch dann wäre damit noch nicht bewiesen, daß es so sein muß und nicht anders sein kann; nichts kann uns beweisen daß das, was wirklich ist, auch das einzig Mögliche ist und andere Denkmöglichkeiten ausschließt.

In der Tat aber wissen wir durchaus nicht ob die physische

Wirklichkeit auf das, was wir die gewöhnliche, oder euklidische, Geometrie zu nennen pflegen, basiert ist, weil noch nie ein Dreieck wirklich gemessen wurde, dessen Winkelsumme ganz genau 180° ergab. Zwar zeigen die Abweichungen — die wir gewohnt sind den unvermeidlichen Beobachtungsfehlern zuzuschreiben — keine Neigung, mit Vorliebe in dem einen oder andern Sinne auszufallen, und dies macht es wahrscheinlich, doch nicht sicher, daß der richtige Wert 180° ist; denn ein Wert von 180°, vermehrt oder vermindert um einige Sekunden z. B., würde mit der Gesamtheit der Wahrnehmungen, über die wir in der Geodäsie und Astronomie verfügen, sehr wohl in Übereinstimmung sein, und würde vielleicht auch wohl gefunden werden, wenn man alle Wahrnehmungen einmal kombinieren und verarbeiten könnte. Aber selbst wenn dies nicht der Fall wäre und also der Mittelwert aller uns zur Verfügung stehenden Wahrnehmungen nicht merkbar von 180° abwiche, selbst dann hätten wir doch noch keine hinreichende Sicherheit, daß die physische Wirklichkeit über den Leisten der euklidischen Geometrie geschlagen ist. Sobald nämlich die Winkelsumme eines Dreiecks nicht mehr genau gleich 180° ist, ist der Inhalt des Dreiecks proportional der Abweichung (vgl. Abschn. 41), und nun ist die Möglichkeit nicht ausgeschlossen daß alle Dreiecke, die uns zur Verfügung stehen, selbst die, welche von drei Fixsternen gebildet werden, zu klein sind, um die Abweichung ans Licht zu bringen, während es vielleicht gelingen würde, sobald wir größere Dreiecke zur Verfügung hätten.

Die ersten Gerüchte, die uns über das Bestehen von mehrdimensionalen und nicht-euklidischen Geometrien erreichen, pflegen bei uns ein hohes Maß von ungläubigem Staunen zu erwecken, mit einem etwas bedenklichen Kopfschütteln gepaart, als wollten wir sagen: „Die Gelehrten von heutzutage treiben es doch wirklich zu bunt." Setzt man sich aber zum gründlichen Studium hin, so wird das Staunen bald durch ein Gefühl von Bewunderung und durch das angenehme Bewußtsein verdrängt, in sehr kurzer Zeit einen sehr viel höheren Standpunkt erreicht, und früher doch eigentlich nur einen äußerst beschränkten Blick auf die Dinge gehabt zu haben; dieses erwärmenden Gefühls nun eine möglichst breite Schar von der Mathematik Beflissenen teilhaftig werden zu lassen, und dadurch ihre Liebe zu unserer Wissenschaft und zum Unterrichten derselben noch zu vergrößern, ist das Hauptziel gewesen, das dem Verfasser beim Zusammenstellen dieses Büchleins vorgeschwebt hat, und das er bis zu einem gewissen Grade auch wohl erreicht zu haben glaubt.

Erster Teil.

Euklidische mehrdimensionale Geometrie.

1. Definition des Begriffes Punkt.

Versteht man unter einer Definition das Aneinanderreihen von Wörtern, deren Bedeutung uns bekannt ist und die durch ihre Zusammenstellung uns mit einem neuen Begriff bekannt machen sollen, den wir vorher nicht kannten, so muß man gestehen, daß es mit den Definitionen von „Punkt" und „Gerade" schlecht bestellt ist. Gewiß, ein begrenzter Teil des Raumes heißt Körper, die Grenze eines Körpers heißt Fläche, die Grenze einer Fläche (wenn sie vorhanden ist) heißt Linie, und die Grenze einer Linie (wenn sie vorhanden ist) heißt Punkt, aber welch ein Aufwand von Worten und Begriffen, um zum Begriff des Wortes „Punkt" zu gelangen! Wie wenig geeignet scheint diese Definition, um jemand, dem dieser Begriff nun einmal wirklich fremd wäre, mit ihm bekannt zu machen; es ist vielleicht eine brauchbare Definition „a posteriori", geeignet, um jemand zu befriedigen, der schon zu wissen glaubt, was ein mathematischer Punkt ist, aber doch wenig geeignet, den Laien damit vertraut zu machen.

Indessen scheint auch hier, wie auf so vielen Gebieten, das Abbrechen leichter zu sein als das Aufbauen, und man kann mit Fug und Recht fragen, ob es eigentlich möglich ist, vom Begriff „Punkt" eine Definition zu geben, die gleichzeitig den Fach-

I. Definition des Begriffes Punkt

mann befriedigt und dem Laien die Augen öffnet; denn diese zwei Standpunkte sind durchaus nicht immer bequem miteinander in Übereinstimmung zu bringen. Der Kenner verlangt von dem Begriffe, den er definieren will, eine Umschreibung, streng, direkt zum Ziel führend, mit möglichst wenig Worten; aber eine solche Definition fordert bisweilen ein solches Maß von Vorkenntnissen auf mathematischem Gebiete, auch oft ein so stark entwickeltes Abstraktionsvermögen, daß sie eher am Ende als am Anfang des Studiums am Platz, und also für den Anfänger wertlos ist. So auch hier. Der geschulte Mathematiker von heutzutage sagt: *"Ein Punkt ist eine Reihenfolge von Zahlen"*, und er fügt noch hinzu, *"und die Anzahl der Zahlen dieser Reihenfolge bestimmt die Dimension des Raumes, zu dem der Punkt gehört"*, wodurch zugleich eine hinreichende Erklärung gegeben ist von dem sonst etwas verschwommenen Begriff „Dimension" eines Raumes.

Wir müssen hier aber, um einem Mißverständnis vorzubeugen, eine wichtige Bemerkung einschalten. Der mit der analytischen Geometrie vertraute Leser wird in der Definition: „Ein Punkt ist eine Reihenfolge von Zahlen" vorschnell die Bestimmung eines Punktes durch seine Koordinaten zu erkennen glauben; aber das ist durchaus nicht die Absicht; denn so aufgefaßt, würde diese Definition noch beträchtlich mehr Kenntnisse voraussetzen, als die zu Beginn dieses Paragraphen gegebene. (Man müßte wissen, was ein Koordinatensystem ist, wie auf dessen Achsen bestimmte Strecken abgetragen werden können, wie durch ihre Endpunkte Ebenen gelegt werden können parallel den Koordinatenebenen und wie diese miteinander zum Schnitt gebracht werden können und inzwischen würde der Begriff „Punkt", den man definieren will, schon hundertmal gebraucht worden sein; aber so ist es auch nicht gemeint.

Die Definition lautet nicht: „Eine Reihenfolge von Zahlen *bestimmt* einen Punkt", sondern „eine Reihenfolge von Zahlen *ist* ein Punkt".

Damit bringen wir zum Ausdruck, daß wir von aller Anschauung oder Anschaulichkeit absehen wollen und das Wort „Punkt" einfach gebrauchen, weil es kürzer, und also im Gebrauch bequemer ist als das viel längere „Reihenfolge von Zahlen"; so aufgefaßt ist nun die Definition für den zünftigen Mathematiker befriedigend geworden.

Der Punkt und damit die ganze Geometrie sind von jeder Anschaulichkeit losgelöst, losgelöst auch von jeder eventuellen Interpretation in unserm empirischen Raume.

Die hier (für den Laien) in neuartiger Weise gegebenen Begriffe fußen auf dem in der Tat einzig festen Fundament, das die Mathematik kennt, nämlich auf dem Begriff der „Zahl".

Womit der Forderung Genüge getan ist, die seinerzeit durch den Berliner Professor LEOPOLD KRONECKER (in der zweiten Hälfte des vorigen Jahrhunderts) aufgestellt wurde, nämlich die ganze Mathematik nur auf den Begriff der Zahl zu gründen, und sogar nur auf die meßbare oder rationale Zahl, weil dies der einzige absolute Grundbegriff ist, den die Mathematik kennt; dies ist eine Geistesrichtung, die der Göttinger Professor FELIX KLEIN die „Arithmetisierung der Wissenschaft" nannte.

Tatsächlich wird durch die Forderung KRONECKERS die Geometrie einfach ein Teil der höheren Arithmetik, und das ist recht und billig. Hat doch KARL FRIEDRICH GAUSS, der „princeps mathematicorum", der Fürst der Mathematiker in der ersten Hälfte des vorigen Jahrhunderts, die Arithmetik „die Königin der Wissenschaften" genannt! Und warum? Weil sie allein unumstößlich strenge Grundlagen und Begriffe kennt, und also kein Teil der Mathematik streng genannt werden kann, solange er nicht „arithmetisiert" ist.

2. Euklid.

Steigen wir von der Höhe, die wir im vorigen Abschnitt in einem vielleicht zu schnellen Tempo erklommen haben, wieder herab bis zu dem Niveau, wo wir uns zu Hause fühlen; geben wir uns zufrieden, daß unsere Definition des Begriffes „Punkt" nicht unantastbar ist, und trösten wir uns mit der Tatsache, daß

2. Euklid

unsere geistigen Ahnen, die auf so vielen Gebieten von Wissenschaft und Kunst so bedeutenden Griechen, es in dieser Hinsicht noch ein ganzes Stück bunter getrieben haben als wir; tauschen wir auch ja nicht die lebenweckende Anschaulichkeit der Geometrie gegen die kalte Starrheit der Zahlen ein. Übrigens, niemand stellt ja auch an uns dieses Ansinnen: Geometrie treiben ist ja etwas ganz anderes als ihre Grundlagen unumstößlich festlegen, und die Mittel, durch die geometrische Wahrheiten entdeckt werden, sind oft ganz andere und dürfen auch ganz andere sein als die, durch welche die einmal entdeckten Wahrheiten hernach streng bewiesen werden; gerade beim Entdecken spielt die Anschauung manchmal eine überwiegende Rolle, und deshalb wird niemand ihren großen Wert bezweifeln.

Wir sprachen soeben von den Griechen, und wollen noch ein Wort über die Art sagen, wie die Geometrie der Griechen, vor allem der Teil, den sie uns selbst „Elemente" nennen gelehrt haben, auf uns gekommen ist.

Alexandrien, die Hauptstadt von Ägypten, von Alexander dem Großen gegründet, der sie in Gestalt eines ausgebreiteten mazedonischen Reitermantels bauen ließ, und die er wohl zur Hauptstadt eines mazedonischen Weltreiches gemacht hätte, wenn er nicht mit 33 Jahren sein Haupt zur Ruhe hätte legen müssen, Alexandrien wurde unter Alexanders Nachfolgern das, was einst Athen gewesen war, nämlich das Zentrum von Fortschritt und Bildung der ganzen Welt, also auch das geistige Zentrum der exakten Wissenschaften, die Stätte der berühmten Bibliothek, die unter anderem den ganzen Bücherschatz von Aristoteles enthielt.

Diese Bibliothek war ein Teil einer Stiftung, die für die Wissenschaft von unschätzbarem Wert gewesen ist, und ein sehr günstiges Licht auf die damaligen Beherrscher Ägyptens wirft: Ptolomäus Soter — der ehemalige Feldherr Alexanders, dem bei der Verteilung von dessen Erbe unter seine Feldherren Ägypten zugefallen war — und seine nächsten Nachfolger, Ptolomäus

Philadelphus und Ptolomäus Euergetes, die übrigens dieses günstigen Lichtes wohl einigermaßen bedürfen, da einige nicht ganz unbedenkliche Laster, die ihnen nachgesagt werden, dunkle Schatten auf ihr Andenken werfen, wie z. B. weitgehende Unzucht, und Abwesenheit jeglichen Skrupels vor Meuchelmord an Blutsverwandten, wenn es galt, die Macht und Herrschaft an sich zu reißen. Doch, wie dem auch sei, kein Freund der Wissenschaft wird ihnen das Lob vorenthalten, das sie durch Stiftung und Unterhaltung des sogenannten „Museums" verdient haben, des „Museums", von dem, wie wir schon oben erwähnten, die Bibliothek nur ein Teil war.

Dieses „Museum" jedoch — das Wort ist in seiner ursprünglichen Bedeutung als „ein den Musen geweihter Ort" zu nehmen — war ein Institut, wie man ihm viel später wohl auch noch begegnet, nämlich in Berlin unter Friedrich dem Großen, und in Petersburg unter Katharina II., wo sie Akademien genannt wurden, Stiftungen, wo bedeutende Gelehrte frei von Sorgen um die tägliche Subsistenz, nämlich vom Fürsten oder auf Staatskosten erhalten (was in damaligen Zeiten so ungefähr dasselbe bedeutete), sich ununterbrochen und ungestört ihren Studien widmen konnten. Unter der Regierung von Ptolomäus Soter gehörte zu diesen Bevorrechteten unter andern auch der Mathematiker EUKLID, und das ist der Mann, der durch sein unvergängliches Werk, die „Elemente", der Lehrer aller wurde, die mit und nach ihm gelebt haben, bis auf den heutigen Tag.

Wir wissen von seiner Persönlichkeit so gut wie nichts, weder wo und wann er geboren, noch wo und wann er gestorben ist; nur die Tatsache, daß er unter der Regierung des ersten Ptolomäus zum „Museum" gehörte, gibt uns das Recht zu behaupten, daß er vor 300 v. Chr. gelebt hat, und tatsächlich scheinen Untersuchungen aus der späteren Zeit[1]) darauf hinzuweisen, daß sein Geburtsjahr 365 Chr. sei, und daß die Elemente" um 330 oder 320 v. Chr. entstanden sind.

---

[1]) H. Vogt, „Die Lebenszeit Euklids", Bibliotheca mathematica, III. Folge, Bd. 13, 1913, p. 193—202.

3. Das Buch der Elemente 9

Über seinen Charakter wissen wir von PAPPUS, der selbst ein verdienter Mathematiker war, aber erst um 350 n. Chr. lebte, es also selbst nur aus Überlieferung wußte, daß er sanft und bescheiden und sehr zuvorkommend gegen jeden war, der auf irgendeine Weise imstande und geneigt schien, das Studium der Mathematik zu fördern, und daß er absichtlich, nämlich aus Pietät, möglichst wenig am Werke seiner Vorgänger geändert hat. Fügen wir hier noch die bekannte Anekdote hinzu daß, als Ptolomäus ihn einst frug, ob kein kürzerer Weg als durch die „Elemente" hindurch zum Erlernen der Geometrie bestünde, er die verwegene Antwort gab, daß zur Geometrie kein Extraweg für Könige führe, — dann haben wir über die Person des EUKLID so ungefähr alles mitgeteilt, was von ihm bekannt ist.

3. Das Buch der „Elemente".

Von den Werken EUKLIDS sind mehrere erhalten, aber keines ist seiner Bedeutung nach auch nur entfernt mit dem Buch der „Elemente" ($\sigma\tau o\iota\chi\varepsilon\tilde{\iota}\alpha$, sprich „stoicheia") zu vergleichen; ja man kann ohne Übertreibung sagen, daß niemals ein wissenschaftliches Werk aus alter oder neuerer Zeit solch eine erstaunliche Popularität erworben hat wie das Buch der „Elemente". Zweifellos sind im Altertum, sogar sicher vor EUKLID, auch wohl andere Bücher über die „Elemente" geschrieben worden; sie sind aber spurlos verschwunden, erdrückt gleichsam unter dem Gewicht des Werkes von EUKLID; und wenn nach EUKLID kurzweg von dem Verfasser der „Elemente" gesprochen wird, dann ist immer EUKLID gemeint.

Es ist klar, daß ein Werk von so großer Vollkommenheit nicht zu Beginn, sondern erst am Ende einer Periode intensiven wissenschaftlichen Denkens möglich ist, und tatsächlich schließen die „Elemente" um 300 v. Chr. eine solche Periode ab, eine Periode, die etwa 600 v. Chr. mit THALES von Milet begann; sie sind die Zusammenfassung des wissenschaftlichen Besitzes, der in 300 Jahren unermüdlicher Arbeit von einer Reihe wissenschaftlicher Denker hervorgebracht wurde. Tatsächlich steht auch in einer alten Schrift, daß EUKLID „vieles, das von EUDOXUS stammte, zu einem Ganzen anordnete, und vieles, das THEÄTET begonnen hatte, zu Ende führte, überdies das von seinen Vorgängern nur unexakt Bewiesene auf unwiderlegliche Beweise gründete".

Von den Griechen gelang es nur ARCHIMEDES und APOLLONIUS über EUKLID hinauszugehen, und im Zeitalter der Renaissance, das wieder an EUKLID anknüpft, ist der erste große Schritt vorwärts die Entwicklung der Perspektive, insbesondere die Entdeckung des Fluchtpunktes, die die sogenannte projektive Auffassung des Raumes vorbereitet hat, wodurch unsere geometrische Einsicht nun in der Tat auf ein ganz anderes Niveau gelangt ist, und die moderne Geometrie zu einer Wissenschaft gemacht hat, die wirklich sehr beträchtlich über derjenigen EUKLIDS steht.

Man hat in unserer Zeit wiederholt versucht, im Rahmen der Elementargeometrie bleibend, sich dem Griff seiner eisernen Faust zu entziehen, vor allem mit dem Zweck, dem Unerbittlichen seines Systems zu entrinnen und dadurch das Studium der Grundlagen erträglicher zu gestalten; und ohne nun zu leugnen, daß in dieser Hinsicht einiger Erfolg zu verzeichnen ist, ist doch keine Rede davon, daß die Macht des nun schon vor mehr als 22 Jahrhunderten gestorbenen Verfassers der στοιχεῖα gebrochen ist.

Die „Elemente" sind in 13 Bücher, Kapitel sollten wir vielleicht sagen, eingeteilt, und bestehen eigentlich aus vier Hauptstücken. Im ersten Teil, die Bücher 1—4 umfassend, wird die Geometrie der Ebene behandelt, der Kreis mit inbegriffen, aber nur hinsichtlich der Kongruenz; das zweite Buch ist insbesondere der Anwendung des Pythagoreischen Satzes gewidmet und gipfelt in der Aufgabe, ein Quadrat zu konstruieren, dessen Inhalt dem einer willkürlichen, geradlinig begrenzten Figur gleich ist.

Der zweite Teil (wir geben vom ganzen Werk nur eine äußerst

3. Das Buch der Elemente

kurze und daher höchst unvollständige Übersicht) umfaßt die Bücher 5—9 und enthält eine in aller Ausführlichkeit entwickelte Theorie der Proportionen und der damit zusammenhängenden Ähnlichkeit ebener Gebilde, sowie viele Sätze über untereinander teilbare und nicht teilbare Zahlen, ja im neunten Buch sogar den Satz, daß die Anzahl der Primzahlen oder unzerlegbaren Zahlen größer ist, als jede willkürliche Anzahl dieser Zahlen, daher, wie wir es heute ausdrücken, unendlich groß ist, und überdies die Vorschrift für das Summieren der (endlichen) geometrischen Reihe, und die Bemerkung, daß die Summe der Reihe $1 + 2 + 4 + 8 + \ldots$ bisweilen eine Primzahl ist, woraus zu entnehmen ist, daß der Verfasser sich mit den Primzahlen eingehend beschäftigt hat.

Der dritte Teil besteht nur aus einem Buch, dem zehnten, und enthält sehr weitläufige Untersuchungen über das „Inkommensurable", das gegenseitig nicht Meßbare, über die Theorie der Irrationalzahlen würde man heute sagen, wobei aber ausschließlich diejenigen Irrationalzahlen betrachtet werden, die durch wiederholtes Quadratwurzelziehen entstehen, also, geometrisch gesprochen mit Zirkel und Lineal konstruierbar sind. Das Buch schließt mit dem Satz über die Inkommensurabilität von Seite und Diagonale des Quadrates.

Der vierte und letzte Teil endlich, das 11., 12. und 13. Buch umfassend, behandelt die Stereometrie und lehrt, außer den Sätzen über parallele und senkrechte Geraden und Ebenen, den Inhalt verschiedener Körper finden, wie der Pyramide, des Prismas, Kegels, Zylinders und der Kugel. Dabei stelle man sich aber vor allem keine Formeln oder ausgearbeitete Rechenvorschriften vor; EUKLID beweist nur, daß die Inhalte von Kreisen sich verhalten wie die zweiten Potenzen, und die Inhalte von Kugeln wie die dritten Potenzen ihrer Radien; daß der Inhalt eines Prismas dreimal so groß ist als der Inhalt einer Pyramide, wenn beide gleiche Grundfläche und gleiche Höhe haben, usw. Wirkliche Inhaltsberechnungen findet man erst bei dem größten Mathematiker des Altertums, ARCHIMEDES (287—212 v. Chr.),

der ja auch die Zahl π entdeckt und auf wirklich geniale Weise approximiert hat; hat er doch schon gelehrt, daß diese Zahl zwischen $3\tfrac{1}{7}$ und $3\tfrac{10}{71}$ liegt! Solche Resultate hatte EUKLID noch nicht aufzuweisen; wohl handelt er im 13. Buch über die regelmäßigen eingeschriebenen Vielecke, speziell über das Dreieck und Fünfeck; für das letztere hatte er schon im vierten Buche die Teilung einer Strecke nach dem sogenannten goldenen Schnitt auseinandergesetzt; hier werden diese regelmäßigen Vielecke als Seitenflächen regelmäßiger, eingeschriebener Polyeder behandelt, und es werden die fünf sogenannten ,,Platonischen Körper" entwickelt, also das regelmäßige Vier-, Sechs- Acht-, Zwölf- und Zwanzigflach, während das ganze Werk mit der fundamentalen Bemerkung schließt, daß andere als diese fünf regelmäßigen Körper nicht möglich sind.

Dies ist also, knapper als eigentlich wünschenswert und dem ungemein großen Einfluß dieses Meisterwerks entsprechend, eine Übersicht über den Inhalt der ,,Elemente", d. h. von den ,,Dingen, deren Theorie die anderen Dinge durchdringt, und von der aus wir ihre Schwierigkeiten überwinden können", wie eine antike Umschreibung lautet.

Wir möchten hier eine Bemerkung einschalten. Wie der aufmerksame Leser sehen konnte, kommen in EUKLIDS Werk die Kegelschnitte nicht vor, und tatsächlich werden die Kegelschnitte von den Griechen nicht zu den Elementen gerechnet, und so ist es, wenigstens in manchen Ländern, bis auf den heutigen Tag geblieben. Ist dies Pietät und nicht (wie wir zu glauben geneigt sind) Bequemlichkeit und Nachlässigkeit, dann müssen wir gestehen, daß diesmal die Pietät gänzlich verfehlt und sehr zu bedauern ist; denn die Kegelschnitte, die mit rein elementaren Hilfsmitteln vollständig und sehr elegant zu behandeln sind, könnten das anziehendste Kapitel der ganzen elementaren Geometrie bilden und geeignet sein, die nicht eben von großer Achtung zeugende Definition zu neutralisieren, nach welcher die Planimetrie nichts anderes ist als die Kunst, aus den unmöglichsten Stücken Dreiecke zu konstruieren.

4. Punkt, Gerade, Ebene.

Das erste Buch der „Elemente" beginnt mit 23 Definitionen, 6 Postulaten und 9 Axiomen; hiervon interessiert uns augenblicklich nur das, was auf Punkt, Gerade und Ebene Bezug hat. „Punkt ist, was keinen Teil hat." „Eine Linie ist Länge ohne Breite." „Eine Fläche ist, was nur Länge und Breite hat." „Die Grenzen einer Fläche sind Linien."

Von diesen Definitionen scheint uns die erste die beste zu sein; um die zweite und dritte begreifen zu können, müssen die Begriffe „Länge" und „Breite" bekannt sein, und wie soll man diese jemals definieren können, ohne von den Begriffen Linie und Fläche schon Gebrauch zu machen. In allen dreien aber erkennt man leicht den Prozeß, auf Grund dessen im Geiste EUKLIDS, und übrigens auch in dem unsern, die Vorstellungen mathematischer Figuren entstehen, der Prozeß nämlich des Grenz- oder Limitübergangs. Jeder, der sich auch nur einigermaßen an Denken, an bewußte geistige Anspannung gewöhnt hat, kann sich leicht z. B. eine kleine Kugel, wie er sie wohl als Kind oft zum Spielen benutzt hat, denken, dessen Durchmesser immer kleiner und kleiner wird, und es ist wahrlich keine ungewöhnliche Phantasie dazu nötig, um dies, als wäre es wirklich geschehen, zu sehen. Der Grenzübergang nun besteht darin, daß man den Durchmesser wirklich Null werden läßt; die Kugel ist dann natürlich verschwunden, materiell verschwunden, aber in unserm Geiste läßt sie, im Augenblick, wo sie aus Mangel an Dimensionen verduftet, ein Residuum zurück, und dieses Residuum ist der mathematische Punkt. Und nicht anders geht es mit den Begriffen „Linie" und „Fläche".

Die vierte Definition sagt: „Die gerade Linie ist diejenige, die gleichmäßig auf allen ihren Punkten ruht", und die siebente: „Die Ebene ist diejenige Fläche, die gleichmäßig auf allen Punkten ruht, die sie enthält". Diese Definitionen sind unklar. Was soll das heißen, daß eine Figur gleichmäßig auf allen ihren Punkten ruht? Will der Verfasser sagen, daß jeder Teil der Figur kongruent ist mit unendlich viel anderen Teilen? Aber diese Eigenschaft besitzen ja der Kreis und die Kugel ebenfalls. Wie dem auch sei, die Definitionen der Gerade und der Ebene nach EUKLID sind unhaltbar, und was insbesondere die Gerade betrifft, so geht man jetzt folgendermaßen vor.

Wie wir oben schon bemerkten, setzt EUKLID neben den Definitionen auch einige Postulate an die Spitze seines Werkes (postulare = fordern, verlangen), das will also sagen, daß er „Forderungen" an den Leser stellt, die der Leser ohne nähere Erklärung zugeben muß, und ohne welche die Geometrie nicht aufgebaut werden kann. Das erste Postulat nun lautet: „Es ist möglich, von jedem Punkt zu jedem andern eine gerade Linie zu ziehen", und das sechste: „Zwei verschiedene Geraden schließen keinen Raum (EUKLID meint „keinen endlichen Raum") ein", was soviel heißen will als, zwei Geraden können nie mehr als einen Punkt gemeinsam haben; denn um einen endlichen Teil der Ebene einzuschließen, müßten sie wenigstens zwei Punkte gemeinsam haben. Diese zwei Postulate zusammen übernehmen wir in folgender Form: „Wir nehmen an daß es Linien gibt, die durch zwei beliebige unter ihren Punkten vollkommen bestimmt sind", und dann fügen wir noch die Definition hinzu: „solche Linien nennen wir Geraden".

Die Tragweite dessen, was wir hier tun, können wir augenblicklich noch nicht völlig ermessen; trotzdem wollen wir doch schon hier mit Nachdruck betonen, daß unsere Definition der Gerade nur relativ ist, daß sie von der Art des Raumes abhängt, in welchem wir uns die Linie denken, insbesondere von einer Zahl, die wir GAUSS und RIEMANN verdanken, und die wir das „Krümmungsmaß" dieses Raumes nennen, sodaß Geraden in Räumen von verschiedenem Krümmungsmaß verschiedenes Verhalten zeigen. Bei unserer Besprechung der nicht-euklidischen Geometrie kommen wir auf diese Frage noch ausführlicher zurück; vorläufig wollen wir sie ganz beiseite setzen, und also tun, als ob die Definition der Gerade absolut wäre und nur e i n e Art von Geraden bestünde.

Von nun an entfernen wir uns immer mehr von unserem

4. Punkt, Gerade, Ebene

großen griechischen Lehrer. Wir wollen die ebene Fläche definieren und stellen hierzu an den Leser eine neue Forderung, d. h. wir fordern von ihm, daß er ein neues Postulat annehmen soll, wodurch wir uns hier an dieser Stelle vielleicht den Vorwurf der Kleinlichkeit auf den Hals jagen werden, und das doch kein anderes ist als das, welches uns später die vierte Dimension erschließen soll; wir nehmen nämlich an, daß außer den Punkten, die auf der Gerade gelegen sind (die wir soeben definiert haben, und die wir erhalten können, indem wir von EUKLIDS zweitem Postulat Gebrauch machen, nämlich, daß eine begrenzte Gerade beiderseits willkürlich verlängert werden kann), daß also außerhalb der Gerade mindestens noch ein Punkt existiert, der nicht auf der Gerade liegt; wobei wir also stillschweigend voraussetzen, daß wir ein Mittel besitzen um festzustellen, ob ein Punkt zu einer bestimmten Gerade gehört oder nicht; so ein Mittel gibt uns das erwähnte zweite Postulat an die Hand; die Punkte nämlich, denen wir beim Verlängern der Gerade begegnen, gehören zu der Gerade, und Punkte, denen wir nicht begegnen, gehören nicht dazu.

Angenommen also, es gäbe eine unbegrenzt verlängerte Gerade l und einen Punkt P außerhalb; kraft des ersten Postulats können wir dann P mit jedem Punkt L von l verbinden, und der Inbegriff aller Punkte oder, um einen modernen technischen Ausdruck zu gebrauchen, die „Menge" aller Punkte, die wir auf diesem Wege erhalten, nennen wir eine **Ebene**. Dabei nehmen wir an, daß die Gerade PL beim Gleiten längs l einmal in eine sehr besondere Lage kommt, nämlich eine Lage, bei der der Punkt L verschwunden ist, um aber bei der kleinsten Fortsetzung der Bewegung auf der andern Seite von l wieder zum Vorschein zu kommen; wir sagen dann, daß die Gerade durch P parallel zu l ist, und nehmen diese parallele Gerade, obwohl sie l tatsächlich nicht schneidet, unter die Menge der Geraden PL auf, die l wirklich schneiden. Daß dies durchaus gerechtfertigt ist, wollen wir später ausführlich beweisen. Und nun haben wir nochmals ein Postulat nötig; wir müssen annehmen, daß jede Gerade, die mit dieser Fläche zwei Punkte gemein hat, ganz darin liegt, sodaß eine Gerade, die nicht darin liegt, höchstens einen Punkt mit ihr gemeinsam hat. Oder noch anders ausgedrückt: wenn wir in der Ebene *Pl* eine Gerade *m* und einen Punkt *Q* außerhalb *m* annehmen, dann setzen wir voraus, daß die Fläche, die durch das Verbinden aller Punkte von *m* mit *Q* entsteht, vollständig mit der Ebene *Pl* zusammenfällt.

Wir müssen bemerken, daß das Postulat der Ebene für uns nur dann unentbehrlich ist, wenn wir die Geometrie synthetisch, d. h. von unten auf, Schritt für Schritt: Gerade, Ebene, dreidimensionaler Raum, usw., aufbauen wollen, und nicht rein algebraisch und abstrakt. Folgen wir dem schon im Abschnitt 1 S. 5 ausgesprochenen Grundgedanken, auf alle Anschaulichkeit zu verzichten und die Geometrie einfach zu arithmetisieren, dann ist das Postulat der Ebene überflüssig; die Geometrie aber zu arithmetisieren, ist der im Laufe der Jahre immer fester gewordenen Überzeugung nach das einzige Mittel, um dem Vorwurf zu begegnen daß die Geometrie, weit entfernt, eine exakte Wissenschaft zu sein, ganz im Gegenteil ein Gebäude sei, dessen Fundamente nichts taugen.

Nennen wir eine Reihenfolge von drei Zahlen x, y, z bequemlichkeits- und der Kürze halber, und mit völliger Ausschaltung unseres Vorstellungsvermögens, einen „Punkt in einem dreidimensionalen Raum" — dreidimensional, da wir es mit einer Gruppe von drei Zahlen zu tun haben, dann können wir die Menge aller Punkte, die der Gleichung

$$ax + by + cz + d = 0 \ldots \qquad (1)$$

genügen, einen „linearen zweidimensionalen Raum" nennen; *zwei*dimensional, weil von den drei Zahlen x, y, z nur noch zwei voneinander unabhängig sind, und linear, weil die Gleichung (1) linear ist. Einen linearen zweidimensionalen Raum nennen wir bequemlichkeitshalber eine Ebene.

Ist noch eine zweite Ebene

$$a'x + b'y + c'z + d' = 0 \ldots \qquad (2)$$

gegeben, dann können wir fragen, was beide gemeinsam haben.

4. Punkt, Gerade, Ebene

Die Auflösung von (1) und (2) gibt z. B.

$$\left.\begin{array}{l}x = Az + a \\ y = Bz + \beta\end{array}\right\} \ldots \quad (3)$$

sodaß nur noch eine von den drei Größen x, y, z unabhängig veränderlich ist; und da auch die Gleichungen (3) linear sind, sprechen wir von einem „linearen eindimensionalen Raum" oder kürzer von einer „Gerade". Zwei Ebenen haben also eine Gerade gemeinsam, und nun *beweisen* wir, daß eine Ebene eine Gerade enthält, sobald sie zwei Punkte derselben enthält.

Ist x_1, y_1, z_1 ein erster Punkt, x_2, y_2, z_2 ein zweiter, und X, Y, Z ein dritter, dann ist

$$x_1 = Az_1 + a \qquad x_2 = Az_2 + a \qquad X = AZ + a$$
$$y_1 = Bz_1 + \beta \qquad y_2 = Bz_2 + \beta \qquad Y = BZ + \beta, \text{ daher:}$$
$$X - x_1 = A(Z - z_1) \qquad Y - y_1 = B(Z - z_1)$$
$$X - x_2 = A(Z - z_2) \qquad Y - y_2 = B(Z - z_2) \text{ oder:}$$

$$\frac{X - x_1}{X - x_2} = \frac{Y - y_1}{Y - y_2} = \frac{Z - z_1}{Z - z_2}.$$

Stellen wir den gemeinschaftlichen Wert dieser drei Brüche durch λ dar, so wird:

$$X - x_1 = \lambda(X - x_2), \text{ oder } X = \frac{x_1 - \lambda x_2}{1 - \lambda}, \text{ und ebenso:}$$

$$Y = \frac{y_1 - \lambda y_2}{1 - \lambda},$$

$$Z = \frac{z_1 - \lambda z_2}{1 - \lambda}.$$

Auf diese Weise läßt sich also ein *beliebiger* Punkt einer Gerade durch zwei Punkte dieser Gerade bestimmen. Substituieren wir nun X, Y, Z in $ax + by + cz + d = 0$, so finden wir:

$$(ax_1 + by_1 + cz_1 + d) - \lambda(ax_2 + by_2 + cz_2 + d) = 0;$$

aber die beiden Ausdrücke in den Klammern sind 0, weil x_1, y_1, z_1 und x_2, y_2, z_2 zwei Punkte der Ebene sind; also wird die Gleichung für jeden Wert von λ erfüllt, d. h. jeder Punkt der Gerade liegt in dieser Ebene.

5. Der lineare dreidimensionale Raum.

Das Verfahren, das wir soeben angewendet haben, um aus der Gerade die Ebene abzuleiten, kann offenbar erweitert werden; da wir nun die Ebene als eine gehörig definierte Punktmenge kennen gelernt haben und ein Mittel besitzen um zu erkennen, ob ein gegebener Punkt zu der Menge gehört oder nicht (er gehört dazu, wenn er auf einer der Geraden liegt, die P mit allen Punkten von l verbinden, die Gerade durch $P//l$ inbegriffen), hindert uns nichts, vorauszusetzen daß es Punkte gibt, die nicht zu der Menge gehören, also nicht in der Ebene liegen. Es braucht uns nur ein solcher Punkt, sagen wir wieder P, gegeben zu sein; dann können wir ja auf Grund des ersten Postulats den Punkt P mit allen Punkten A der Ebene α verbinden, um eine ganz neue Punktmenge zu erhalten, für die unter anderem ein neuer Name erfunden werden muß. Wie sollen wir diese neue Punktmenge nennen?

An Stelle des sehr klaren aber etwas langen Wortes ,,Punktmenge" wollen wir das kürzere, aber dafür weniger deutliche ,,Raum" einführen und dann willkürlich feststellen, daß wir die Gerade einen ,,Raum von einer Dimension oder einer Ausdehnung", die Ebene einen ,,Raum von zwei Ausdehnungen oder Dimensionen" nennen. Das reicht aber noch nicht aus. Es sind andere Linien als Geraden denkbar und andere Flächen als Ebenen, und deshalb nennen wir Geraden und Ebenen ,,lineare ein- und zweidimensionale Räume", indem wir einen linearen Raum definieren als einen Raum der die Eigenschaft besitzt, eine Gerade ganz zu enthalten, sobald er zwei Punkte von ihr enthält. Für die Gerade selbst, den ,,linearen Raum von einer Ausdehnung" symbolisch durch R_1 bezeichnet, will dies natürlich nichts anderes besagen als daß sie durch irgend zwei ihrer Punkte bestimmt ist; für die Ebene, den ,,linearen Raum von zwei Ausdehnungen", symbolisch mit R_2 bezeichnet, erkennen wir in der obigen Definition das ,,Postulat der Ebene" wieder, das am Ende des vorigen Abschnitts besprochen wurde.

Wie sollen wir nun den hier oben konstruierten neuen, mehr

5. Der lineare dreidimensionale Raum

als die Ebene umfassenden Raum nennen? Wir beweisen, ohne nun weiter genötigt zu sein noch mehr neue Postulate hinzuzufügen, daß unser neuer Raum ein „linearer dreidimensionaler Raum" R_3 ist, d. h. wir nennen ihn dreidimensional, weil er im Rang unmittelbar über der Ebene steht, und wir beweisen, daß er linear ist. Doch erst noch eine Bemerkung.

Bei der Erzeugung der Ebene haben wir schon unter den Geraden, die P mit allen Punkten L von l (siehe Abschn. 4) verbinden, eine Gerade aufgenommen, die P nicht mit einem Punkt von l verbindet, nämlich die parallele Gerade; bei der Erzeugung unseres dreidimensionalen Raumes (siehe oben) müssen wir unter die Geraden PA sogar unendlich viele Geraden aufnehmen, die P nicht mit einem Punkt von α verbinden; denken wir uns nämlich in α eine Gerade l, dann gehören offenbar alle Geraden der Ebene durch l und P zu unserem dreidimensionalen Raum, also auch der Strahl durch $P//l$, und da l in α willkürlich ist, ist die Anzahl der Geraden, die wir hier unter die Menge der Geraden PA aufnehmen müssen, ohne daß sie einen Punkt von α enthalten, unendlich groß. Man sieht, wie sehr uns hier die parallelen Geraden Unannehmlichkeiten verursachen, und wäre es allein nur, weil wir sie jedesmal extra erwähnen müssen, wodurch unsere Aufmerksamkeit von der Hauptsache abgelenkt wird; wir werden daher bald (siehe Abschn. 9) einmal die Frage aufwerfen, ob es nicht möglich ist diesen Ballast abzuwerfen, und wir werden dann finden daß wir, nur auf unsere Bequemlichkeit bedacht, unbewußt einem um ein hübsches Stück höheren Ziel nachstreben und, wenn wir es erreicht haben, zu unserem Erstaunen gewahr werden, daß wir plötzlich klarere Begriffe erhalten haben, was das geheimnisvolle „Unendliche" anbelangt.

Doch nun den Beweis des obigen Satzes, nämlich, daß der dreidimensionale Raum $P\alpha$ linear ist, also jede Gerade enthält, von der er zwei Punkte enthält.

Man sage nun nicht etwa: aber wenn diese Linie nun einmal nicht ihrer ganzen Ausdehnung nach zum Raume $P\alpha$ gehörte, wo sollte sie denn sonst bleiben? Es besteht doch nichts außerhalb des Raumes $P\alpha$!" Sollte unverhofft ein Leser auch nach wiederholten kräftigen Versuchen sich von dem hier geschilderten Standpunkt nicht loszumachen wissen, dann fühlt der Verfasser sich verpflichtet ihm den wohlgemeinten Rat zu geben, das Buch hier zuzuklappen und seine Zeit auf eine für ihn nützlichere Weise zu verwenden; für ihn ist die Möglichkeit ausgeschlossen, zur mehrdimensionalen Geometrie emporzusteigen. Unser Raum $P\alpha$ hat mit dem physischen Raum, in welchem sich alle Materie befindet, die in der Natur vorkommt, nichts zu tun; er ist rein gedanklich, ein reines Produkt unseres Denkvermögens, und wenn wir bei genauerem Studium dieses gedanklichen Raumes finden sollten, daß er allerlei Eigenschaften besitzt, die wir auch in dem physischen Raum entdecken oder zu entdecken glauben (denn, was die Sicherheit solcher Feststellungen anbelangt, wäre wohl noch dies und jenes zu bemerken, vgl. die Einleitung), dann ist dies interessant oder nicht interessant, je nach dem Standpunkt den man einnimmt, aber jedenfalls ein für allemal gleichgültig für den systematischen Aufbau der Geometrie. So viel steht doch, dünkt uns, wohl fest, daß der den Raum erzeugende Vorgang, der aus der Gerade die Ebene, aus der Ebene den dreidimensionalen Raum entstehen ließ, an keine Grenzen gebunden ist, und in unerschöpflicher Fruchtbarkeit imstande ist, aus jedem eben erst geschaffenen Raum unmittelbar einen neuen, von noch höherer Dimensionszahl, entstehen zu lassen. Wir nehmen also an daß es Punkte gibt, die nicht zum Raume $P\alpha$ gehören, und geben nun endlich den höchst einfachen Beweis, daß der Raum $P\alpha$ linear ist.

Woran erkennen wir, daß ein Punkt A zu $P\alpha$ gehört? Antwort: an der Tatsache, daß die Verbindungslinie PA die Ebene α in einem Punkt A' schneidet (oder ihr parallel läuft). Aber wenn A dann nun nicht zu $P\alpha$ gehört? Dann darf die Gerade PA die Ebene weder schneiden, noch ihr parallel sein, muß sie also kreuzen, und in der Tat werden wir uns, vom vierdimensionalen Raum an, an die Möglichkeit gewöhnen müssen, daß eine Gerade und eine Ebene sich kreuzen, trotzdem beide un-

5. Der lineare dreidimensionale Raum

begrenzt verlängert, wir wären fast geneigt zu sagen ins Unendliche gewachsen sind; und dies Kreuzen von Geraden und Ebenen ist nicht fremdartiger als es für ein Wesen sein müßte, dessen Weltraum, dessen Weltall, wenn man will, eine Ebene ist, und das sich nun in die Möglichkeit hineindenken sollte, daß zwei Geraden sich kreuzen. Fremdartig oder nicht, es ist alles nur relativ und sehr nebensächlich; was für den Bewohner des dreidimensionalen Raumes trivial ist, ist für den des zweidimensionalen ein Wunder, und was der Dreidimensionale erst nach gründlichem Studium als möglich, doch zugleich als durchaus unvorstellbar erkannt hat, ist für den Vierdimensionalen alltäglich und nicht der Mühe wert es zu erwähnen. Aber für alle ohne Unterschied ist es ein erhebender Gedanke, kraft ihres Geistes den Weg in Räume zu finden, die ihr Fuß nimmer betreten kann.

Denken wir uns nun zwei Punkte A und B, die zum Raume $P\alpha$ gehören, und zugleich ihre Verbindungslinie $AB = l$. Die Gerade PA schneidet α in einem Punkt A', PB schneidet α in einem Punkt B', und die Gerade $A'B'$ liegt vollständig in α, da sie zwei Punkte mit ihr gemeinsam hat (Postulat der Ebene, siehe Abschnitt 4). Der Punkt P und die Gerade $A'B' = l'$ bestimmen eine Ebene, und diese Ebene gehört zum Raume $P\alpha$, da jeder Punkt dieser Ebene, mit P verbunden, eine Gerade liefert, die l' schneidet, eine Gerade also, die P mit einem Punkt von α verbindet. Und weil nun die Gerade l selbst mit der Ebene Pl' die beiden Punkte A und B gemein hat, hat sie alle ihre Punkte mit der Ebene gemein; alle Punkte der Ebene Pl' sind aber Punkte von $P\alpha$, also sind auch alle Punkte von l Punkte von $P\alpha$; was zu beweisen war.

Um nicht langweilig zu werden haben wir die Möglichkeit, daß PA oder PB, oder beide, parallel zu α sind, außer Betracht gelassen; wenn nötig, wird der daran interessierte Leser nun selbst wohl imstande sein, auch für diesen Fall den Beweis in eine tadellose Form zu gießen.

Und endlich noch das Folgende. Denken wir uns im Raume $P\alpha$

einmal eine andere Ebene, β, und einen anderen Punkt, Q; daß dies möglich ist, folgt z. B. schon unmittelbar daraus, daß jede Ebene durch P und eine Gerade l von α als eine Ebene β, und z. B. jeder Punkt von α, der nicht auf l liegt, als ein Punkt Q betrachtet werden kann. Wenn wir nun den dreidimensionalen linearen Raum $Q\beta$ konstruieren, so ist klar, daß dieser mit $P\alpha$ zusammenfällt; denn jede Gerade, die Q mit einem Punkt B von β verbindet, verbindet zwei Punkte Q und B von $P\alpha$ und ist also eine Gerade von $P\alpha$. Daraus folgt, daß im Raum $P\alpha$ der Punkt P und die Ebene α keinerlei ausgezeichnete Rolle spielen, daß im Gegenteil jeder Punkt und jede Ebene von $P\alpha$ die Rolle von P und α übernehmen kann; um dies auch in der Bezeichnungsweise zum Ausdruck zu bringen, sprechen wir fortan nicht mehr von einem Raume $P\alpha$, sondern von einem Raume R_3.

6. Der lineare vierdimensionale, und höhere Räume.

Durch die ausführlichen Besprechungen der vorangehenden Abschnitte hoffen wir dem Einführen höherer Dimensionszahlen alles Geheimnisvolle genommen und beim Leser die Überzeugung gegründet zu haben, daß kein Schein eines Grundes besteht, um unser raumerzeugendes Verfahren schon bei $n = 3$ stillzulegen; im Gegenteil, wie wir es schon in der Einleitung zum Ausdruck gebracht haben, bildet R_3 nicht das letzte, sondern nur das dritte Glied in einer Kette, die nach Willkür fortgesetzt werden kann. Hat es aber Wert, die Kette fortzusetzen? wird man vielleicht fragen. Wir antworten mit einer Gegenfrage: Wann ist man bereit, zuzugeben, daß etwas Wert hat? Auch der Wertbegriff ist in hohem Maße relativ, und was für den einen von unschätzbarem Werte ist, läßt den andern ganz kalt. Daß es aber für den Mathematiker, und übrigens nicht allein für diesen, sondern für jeden, der Interesse an wissenschaftlichem Denken hat, wertvoll ist zu wissen, daß eine vier- oder fünf- oder allgemein n-dimensionale Geometrie möglich ist, d. h. denkbar ist, ist doch sicher nicht zweifelhaft; übrigens, das Interesse auch von Nicht-Mathematikern (selbst bis zu den Spiritisten!)

6. Der lineare vierdimensionale, und höhere Räume

für die „vierte Dimension" beweist es schon. Der Mathematiker selbst aber wird nicht völlig befriedigt sein durch die Tatsache allein, daß eine mehrdimensionale Geometrie möglich ist; er wird Genaueres über diese Geometrie wissen wollen und wird dabei zu Werke gehen wie immer, wenn ihm ein neues Gebiet zur Untersuchung angewiesen wird: er beginnt mit dem Festlegen der großen Linien, in unserem Falle mit dem Aufsuchen von Eigenschaften, die allen Räumen gemeinsam sind, und geht hierauf zu Einzeluntersuchungen über, sofern er dies für nötig erachtet und sein Interesse ihn dazu bestimmt.

Wir wollen dem Mathematiker nicht auf seinen Entdeckungsfahrten durch alle Dimensionen hindurch folgen; wir haben ja schon früher erwähnt, daß es nicht unsere Absicht ist, ein systematisches Lehrbuch der mehrdimensionalen Geometrie zu schreiben; wir werden uns, abgesehen von einigen allgemeinen Sätzen, nur auf den vierdimensionalen Raum beschränken und auch hier nur einen Griff tun, nämlich nur so viel und nur solche Dinge behandeln als dienlich und hinreichend sind, um dem Leser einen nicht zu oberflächlichen Eindruck von dem ganzen Gebiete zu geben; für weitere Studien verweisen wir dann auf das in der „Sammlung Schubert" unter Nr. XXXV und XXXVI in zwei Bänden erschienene Lehrbuch von P. H. SCHOUTE „Mehrdimensionale Geometrie".

Es sei ein linearer, dreidimensionaler Raum R_3 gegeben und ein Punkt P außerhalb, d. h. so, daß, wenn wir einen Punkt A von R_3 mit allen Punkten einer Ebene α von R_3 verbinden (die Geraden durch $A//\alpha$ inbegriffen), der Punkt P nicht erreicht wird; wenn wir dann P mit allen Punkten von R_3 (die Geraden durch $P//R_3$ inbegriffen) verbinden, dann entsteht ein neuer Raum, den wir vierdimensional nennen und von dem wir beweisen, daß er linear ist; wir geben ihm also die Bezeichnung R_4.

Vorher noch wieder ein Wort über die Geraden durch $P//R_3$. Will man R_4 systematisch entstehen lassen, dann kann man z. B. folgendermaßen vorgehen. Man wählt in R_3 einen Punkt A, zieht durch diesen Punkt alle Geraden l, die in R_3 liegen, und verbindet nun P mit allen Punkten dieser Geraden; es entstehen dann unendlich viele Ebenen durch P, und in jeder von diesen liegt eine Gerade durch $P//l$; diese Geraden nennen wir parallel zu R_3, und nehmen sie unter die Geraden auf, die P mit den Punkten von R_3 verbinden.

Noch einige Bemerkungen, die für den Bewohner von R_4 trivial, doch für uns leider notwendig, und schwer zu verdauen sind. Von den Geraden l durch A und in R_3 liegen niemals zwei zugleich in einer Ebene durch P, da eine Ebene, die zwei Geraden l enthält, ganz in R_3 liegt (jede Gerade einer solchen Ebene verbindet ja einen Punkt der einen Gerade mit einem Punkt der andern, verbindet also zwei Punkte von R_3, und liegt also in R_3). Ferner: die Gerade l ist das einzige, was die Ebene Pl mit R_3 gemeinsam hat, denn hätte die Ebene mit R_3 außer l noch einen andern Durchschnitt, durch A oder nicht durch A hindurchgehend, so kann man ebenso wie oben beweisen, daß die Ebene Pl und daher auch P selbst, in R_3 liegen müßte, was gegen die Voraussetzung ist; eine Ebene Pl und R_3 schneiden sich also in einer Gerade l, woraus ferner unmittelbar folgt, daß eine Gerade durch P mit R_3 nicht mehr als einen Punkt gemein haben kann, was auch evident ist, da R_3 linear ist.

Aber noch mehr. Zwei Ebenen durch P und durch zwei Geraden l durch A haben offenbar die Gerade PA gemeinsam, aber wie steht es nun mit zwei Ebenen durch P und durch zwei Geraden l und m von R_3, die sich kreuzen? Hätten diese auch eine Gerade gemeinsam, sagen wir s, dann müßte s sowohl l als m schneiden und daher, da ja die Schnittpunkte nie zusammenfallen können (denn l und m kreuzen sich doch), zu R_3 gehören; aber dann müßte auch P zu R_3 gehören, was gegen die Voraussetzung ist. Die Ebenen Pl und Pm können also nichts anderes als den Punkt P gemeinsam haben, sodaß wir finden, daß es in R_4 Ebenen gibt, die sich in einem Punkte, statt in einer Gerade schneiden, etwas, wovon wir uns auch nicht im entferntesten eine Vorstellung machen können, und was sich doch für R_4 als der normale Fall ergeben wird.

6. Der lineare vierdimensionale, und höhere Räume

Nun der einfache Beweis, daß R_4 linear ist. Es seien A und B zwei Punkte von R_4, zwei Punkte also, die die Eigenschaft haben, daß die Geraden PA und PB R_3 schneiden (d.h. nicht kreuzen); nennen wir die Schnittpunkte A' und B'. Die Gerade $A'B'$ liegt ganz in R_3, da sie zwei Punkte mit R_3 gemein hat, woraus folgt, daß die Ebene $PA'B'$ R_3 längs der Gerade $A'B'$ schneidet. Alle Punkte der Ebene $PA'B'$ sind also Punkte von R_4, und da die Gerade AB in dieser Ebene liegt, liegt sie auch in R_4, sobald sie zwei Punkte A und B mit R_4 gemein hat.

Man kann nun wieder, wie am Schlusse des vorigen Abschnittes, untersuchen, inwiefern der Beweis eine Abänderung erfordert, wenn PA oder PB oder beide parallel zu R_3 liegen, und dann kann man sich überzeugen, daß im Raume PR_3 weder der Punkt P noch R_3 eine bevorzugte Stellung einnehmen, weshalb wir auch den Raum einfach mit R_4 bezeichnen. Und endlich kann man unser raumerzeugendes Verfahren stets wieder aufs neue in Wirkung treten lassen, aus R_4 einen R_5 ableiten, und so fort ins Unendliche.

Nennt man eine Reihenfolge von vier Zahlen x, y, z, t einen Punkt in einem vierdimensionalen Raum, so ist:

$$ax + by + cz + dt + e = 0 \qquad (1)$$

ein linearer dreidimensionaler Raum im vierdimensionalen, sagen wir ein R_3. Ein zweiter solcher Raum ist z. B.:

$$a'x + b'y + c'z + d't + e' = 0, \qquad (2)$$

und dieser hat mit (1) einen linearen zweidimensionalen Raum, das ist eine Ebene, gemein; denn aus (1) und (2) lassen sich z. B. x und y linear in z und t ausdrücken.

Ein dritter R_3:

$$a''x + b''y + c''z + d''t + e'' = 0 \qquad (3)$$

hat mit den beiden vorhergehenden eine Gerade gemein, denn aus (1), (2) und (3) lassen sich z. B. x, y, z linear durch t ausdrücken, sodaß nur t unabhängig bleibt.

Ein vierter R_3:

$$a'''x + b'''y + c'''z + d'''t + e''' = 0 \qquad (4)$$

hat mit den drei vorhergehenden nur einen Punkt gemein; denn aus (1), (2), (3), (4) lassen sich x, y, z, t auf eindeutige Weise berechnen.

Aber nun haben (1) und (2) eine Ebene, (3) und (4) eine andere Ebene gemein, während alle vier Räume nur einen Punkt gemein haben; zwei willkürliche Ebenen in einem vierdimensionalen Raum haben also im allgemeinen nur einen Punkt gemein, eine Ebene und ein R_3 eine Gerade, usw.

7. Der Punktwert eines Raumes. Das Simplex. Die Diagramme von Schlegel.

Die Gerade ist durch zwei Punkte bestimmt, und da wir nur einen Punkt außerhalb dieser Gerade kennen müssen, um eine Ebene zu konstruieren, ist eine Ebene durch drei Punkte bestimmt, wenn diese Punkte nur nicht auf einer Gerade liegen. So ist ein R_3 bestimmt durch vier Punkte, die ein Tetraeder bilden, ein R_4 durch fünf Punkte, die nicht in einem R_3 liegen, usw., allgemein ein R_d durch $d+1$ Punkte, wenn diese nicht in einem Raum von weniger als d Dimensionen liegen. Die Anzahl der Punkte, nötig und hinreichend um einen Raum zu bestimmen, nennt man den Punktwert dieses Raumes, sodaß der Punktwert eines R_d $d+1$ ist.

Da man die Punkte, die einen Raum bestimmen, für $d > 1$ zu allerlei Figuren vereinigen kann, so läßt sich ein Raum im allgemeinen auf verschiedene Arten bestimmen, besonders wenn die Dimensionszahl groß ist. Die Gerade z. B. läßt sich nur auf eine Art festlegen, nämlich durch zwei Punkte, aber die Ebene kann man schon durch drei Punkte, oder durch einen Punkt und eine Gerade, bestimmen, den R_3 durch vier Punkte, oder durch einen Punkt und eine Ebene, oder durch zwei sich kreuzende Geraden; usw. Dabei muß man aber immer an der Forderung festhalten, daß die Punkte voneinander unabhängig sind, d. h. nicht in einem Raume von geringerer Dimensionszahl liegen als ihre Anzahl erfordert; so ist ein R_5 durch sechs Punkte bestimmt, also durch drei Geraden, aber es ist durchaus nicht hinreichend,

7. Der Punktwert eines Raumes. Das Simplex usw.

daß diese einander kreuzen; das kann ja schon in R_3 vorkommen. Nein, die dritte Gerade muß nicht nur die ersten beiden (die einander kreuzen) kreuzen, sondern sie muß sogar den R_3 kreuzen, der durch die ersten zwei Geraden bestimmt wird; denn hätte sie mit ihm einen Punkt Q' gemein, so würden die drei Geraden nur einen R_4, und wenn sie darin läge, nur einen R_3 bestimmen; das erste ist der Fall weil, wenn wir auf der dritten Gerade zwei Punkte P und Q willkürlich annehmen, Q auf einer Gerade liegen wird, die P mit dem Punkt Q' von R_3 verbindet und daher zum R_4 gehören wird, der durch P und R_3 bestimmt wird.

Wir kommen hier von selbst zu der Frage, welchen Raum zwei Räume bestimmen, die einen bestimmten oder auch keinen Raum miteinander gemeinsam haben, z. B. welchen Raum zwei Geraden bestimmen, die einander kreuzen oder schneiden; oder welchen Raum eine Gerade und eine Ebene bestimmen, die einander schneiden oder kreuzen; oder welchen Raum zwei Ebenen bestimmen, die einander kreuzen oder die einander in einem Punkte oder in einer Gerade schneiden, usw.

Diese Frage muß in voller Allgemeinheit gelöst werden, wollen wir uns tatsächlich in der mehrdimensionalen Geometrie einigermaßen frei und ungezwungen bewegen lernen; dazu müssen wir für einen Augenblick vom Leser ziemlich viel Aufmerksamkeit fordern, die aber dann reichlich Früchte tragen wird.

Am bequemsten erreichen wir das Ziel, wenn wir vom „Punktwert" eines Raumes, den wir oben definierten, und von den sogenannten „*Simplexen*" Gebrauch machen, das sind Figuren, zu denen man die Punkte, die einen Raum bestimmen, vereinigen kann. Das Simplex auf der Gerade ist die Strecke, die die zwei Punkte, die die Gerade bestimmen, verbindet; das Simplex in der Ebene das Dreieck, in R_3 das Tetraeder, in R_4? In R_4 das sogenannte Fünfzell, angedeutet durch das Symbol S_5 (S der erste Buchstabe von „Simplex"), sodaß ein Tetraeder ein S_4, ein Dreieck ein S_3, eine Strecke ein S_2 ist. Wie ist nun das Fünfzell S_5 gebaut? Erst die Bemerkung, daß man alle diese Figuren

Simplexe nennt, weil sie die einfachsten Figuren sind, die sich in den zugehörigen Räumen denken lassen, die einfachsten nämlich in dem Sinne, daß jede Verbindungslinie von zwei (Eck-) Punkten eine Kante, jede Ebene durch drei Punkte eine Seitenfläche, jeder Raum durch vier Punkte ein Seitenraum ist, usw., sodaß also bei einem Simplex keine Diagonalen, Diagonalflächen usw. vorkommen. Tatsächlich treten Diagonalen usw. erst auf, sobald wir mehr Punkte zu einer Figur vereinigen, als nötig sind um den Raum zu bestimmen, in welchem die Figur liegt; das Viereck besitzt Diagonalen, das Dreieck nicht; der Würfel besitzt Diagonalflächen, das Tetraeder aber nicht. So besitzt auch das Fünfzell S_5 keine Diagonalen, sondern nur Kanten, und zwar zehn, da wir die fünf Eckpunkte 1, 2, 3, 4, 5 auf $\frac{5 \cdot 4}{1 \cdot 2} = 10$ verschiedene Arten miteinander verbinden können; ferner ebenfalls zehn Seitenflächen, durch Dreiecke gebildet, da wir die fünf Eckpunkte auf $\frac{5 \cdot 4 \cdot 3}{1 \cdot 2 \cdot 3} = 10$ Arten in Gruppen zu dreien vereinigen können, und endlich fünf Seitenräume, gebildet durch Tetraeder, da wir ja fünfmal alle Punkte bis auf einen zu einem Tetraeder vereinigen können. Man kann also das Fünfzell, wenn man will, durch das Symbol S (5, 10, 10, 5) symbolisieren, das nun wohl keiner näheren Erklärung bedarf; die letzte Zahl, hier also fünf, ist eigentlich die Zahl, die bei der Benennung vor das Wort -zell zu stehen kommt, weil diese letzte Zahl eigentlich die Anzahl der „Zellen", d. h. der begrenzenden Räume angibt; diese ist aber gleich der ersten, aus unmittelbar begreiflichen Gründen, denn man nimmt ja bei der ersten Zählung einen Punkt nach dem andern, bei der letzten alle Punkte bis auf einen, was für die Anzahl natürlich dasselbe ist. So möge der Leser sich selbst überzeugen, daß ein R_5 durch das Sechszell S (6, 15, 20, 15, 6) bestimmt ist.

Wir können aber diese verschiedenen Körper, und ganz besonders das Fünfzell, für den Leser noch viel zugänglicher machen durch die sogenannten *„Diagramme von* SCHLEGEL", nach dem deutschen Mathematiker benannt, der sie zuerst angegeben hat.

7. Der Punktwert eines Raumes. Das Simplex usw.

Versetzen wir uns, wie wir es nun schon öfter getan haben, in den Fall unseres zweidimensionalen Leidensgenossen, der sich abmüht, eine Vorstellung ... nein, nicht eine Vorstellung, denn das ist ihm nicht gegeben, doch wenigstens Kenntnis zu erlangen von einem dreidimensionalen Vierzell, einem Tetraeder, wahrhaftig keine Kleinigkeit! Die Kenntnis nun kann er durch Entwerfen eines SCHLEGELschen Diagramms erwerben. Er hat das Symbol S (4, 6, 4) abgeleitet und weiß, daß er außer dem Dreieck, das er vor sich sieht, nur noch einen Punkt in diesem geheimnisvollen dreidimensionalen Raum zu wählen hat, dessen Möglichkeit er erkennt, aber dessen physische Existenz er niemals wird beweisen können, um ein Tetraeder zu erhalten. Je nun, er ersetzt den unerreichbaren vierten Punkt durch einen Punkt aus seinem eigenen Weltraum, deutlichkeitshalber am liebsten innerhalb des Dreiecks der drei anderen Punkte gelegen, d. h. er zeichnet Fig. 1, und ist nun vollkommen orientiert.

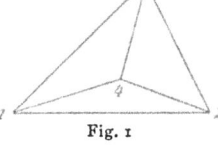

Fig. 1

Er weiß nun, daß durch jeden Eckpunkt drei Kanten und zugleich drei Seitenflächen, durch jede Kante nur zwei Seitenflächen gehen, usw.

Dasselbe können nun wir, Bewohner eines dreidimensionalen Raumes, für das Simplex S_5 tun. Von den fünf Punkten, die uns zur Verfügung stehen, wählen wir vier in unserem eigenen Raum, und betrachten sie als die Eckpunkte eines Tetraeders; den fünften Punkt aber, der in Wahrheit außerhalb unseres R_3 liegen muß, ersetzen wir durch einen Punkt innerhalb, ja sogar innerhalb des Tetraeders 1 2 3 4; so entsteht ein Modell, z. B. aus Kupferdraht, von dem Fig. 2 eine anschauliche Vorstellung gibt, und dieses Modell ist das Diagramm des Fünfzells, mit dessen Hilfe wir alle Fragen, die hinsichtlich dieses Simplex gestellt werden können, bequem beantworten. So sehen wir z. B. unmittelbar, daß durch jeden Eckpunkt vier Kanten, sechs Seiten-

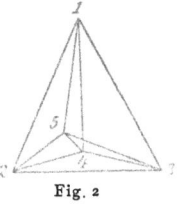

Fig. 2

flächen und vier Seitenräume gehen, nämlich die Kanten (vom Punkte 1 z. B.) zu den Eckpunkten, die Seitenflächen zu den Kanten hin, die Seitenräume zu den Seitenflächen des Tetraeders 2 3 4 5; daß durch eine Kante drei Seitenflächen und drei Seitenräume, endlich durch jede Seitenfläche zwei Seitenräume gehen. Oder noch deutlicher ausgedrückt: das Simplex S_5 wird von fünf Tetraedern begrenzt, die zu zweit ein Dreieck, also zusammen zehn Dreiecke gemein haben, die zu dritt eine Kante, also im ganzen zehn Kanten gemein haben, zu viert einen gemeinsamen Eckpunkt, also insgesamt fünf Eckpunkte besitzen, alles in Übereinstimmung mit dem Symbol S (5, 10, 10, 5).

Die ebene Fig. 2 ist nicht selbst ein Diagramm von S_5, sondern ist im Gegenteil ein Diagramm des Diagramms, das wir soeben besprachen, und könnte also dem Bewohner der Ebene Dienste leisten; so würden wir, die Bewohner von R_3, zweier Diagramme bedürfen, um Einsicht in den Bau von S_6 zu erhalten, nämlich eines in einem vierdimensionalen Seitenraum (der ein Fünfzell ist) und eines zweiten in einem dreidimensionalen Seitenraum (einem Tetraeder) eines solchen Fünfzells.

8. Der Raum, bestimmt durch zwei Räume, die einander kreuzen oder schneiden.

Nun kommen wir zu der Frage, die schon im vorigen Abschnitt gestellt wurde und nun folgendermaßen näher präzisiert wird: es seien zwei Räume mit dem Punktwert w_1 bzw. w_2 (und also von der Dimension $d_1 = w_1 - 1$, bzw. $d_2 = w_2 - 1$) gegeben, die einen Raum mit dem Punktwert w_{12} (Dimension $d_{12} = w_{12} - 1$) gemein haben; welcher Raum wird durch diese zwei Räume bestimmt?

Was will das eigentlich sagen, daß durch zwei Räume ein dritter „bestimmt" ist? Das kann doch wohl nichts anderes bedeuten als daß aus den Simplexen, die die beiden gegebenen Räume bestimmen, ein neues und komplizierteres Simplex aufgebaut werden kann, das einen Raum von höherer Dimensions-

8. Der Raum, bestimmt durch zwei Räume, die einander kreuzen usw. 31

zahl bestimmt. So sagen wir: zwei einander kreuzende Geraden „bestimmen" einen R_3, weil die beiden Punkte, die die eine Gerade bestimmen, hinzugefügt zu den beiden, die die andere bestimmen, ein S_4 (Tetraeder) bilden, nötig und hinreichend zur Festlegung eines R_3; und jede Gerade, die einen Punkt der einen Gerade mit einem Punkt der anderen verbindet, ist eine Gerade dieses R_3, denn sie hat mit ihm zwei Punkte gemein.

Aber wie nun, wenn die Geraden sich schneiden? Dann haben wir nicht nur keine vier Punkte nötig, um die beiden Geraden zu bestimmen, sondern sie würden uns sogar zur Last sein, denn wir müßten Vorsorge treffen, daß die Geraden einander schneiden. Es versteht sich von selbst, daß wir in diesem Falle mit drei Punkten auskommen, dem Schnittpunkt und noch zwei anderen, und deshalb bestimmen nun die beiden Geraden nur eine Ebene; und jede Gerade, die einen Punkt der einen Gerade mit einem Punkt der anderen verbindet, liegt in dieser Ebene.

Dieses Beispiel von den zwei kreuzenden oder schneidenden Geraden weist uns auch für den allgemeinen Fall den Weg. Beginnen wir mit dem Fall, daß die beiden gegebenen Räume einander kreuzen, also daß $w_{12} = 0$ ist, und verabreden wir, daß wir durch $\overline{R}_n$ einen Raum bezeichnen, dessen Punktwert n ist, sodaß $\overline{R}_w = R_{w-1}$, also $R_2 = \overline{R}_3$, $R_3 = \overline{R}_4$ usw.; wir können dann die gegebenen Räume mit $\overline{R}_{w_1}$ und $\overline{R}_{w_2}$ bezeichnen. Nimm im ersten ein Simplex S_{w_1}, im zweiten ein Simplex S_{w_2} an und sei A ein Eckpunkt des letzteren; A bestimmt dann mit S_{w_1} ein S_{w_1+1}, weil A außerhalb $\overline{R}_{w_1}$ liegt. Ist B ein zweiter Eckpunkt von S_{w_2}, dann wird B auch sicher mit S_{w_1+1} ein S_{w_1+2} bilden; denn wäre dem nicht so, d. h. gehörte B zu dem Raume, bestimmt durch S_{w_1} und A oder, was dasselbe ist, durch $\overline{R}_{w_1}$ und A, dann müßte $AB\,\overline{R}_{w_1}$ schneiden, und die beiden gegebenen Räume würden einen Punkt gemein haben (denn AB liegt ganz in $\overline{R}_{w_2}$), was gegen die Voraussetzung ist. Die Punkte A und B von S_{w_2} bestimmen also mit S_{w_1} ein S_{w_1+2}, und auf diese Weise geht es weiter. Ist nämlich C ein dritter Eckpunkt von S_{w_2} und angenommen, C liege in dem Raume, der durch das Simplex S_{w_1+2} bestimmt wird, also im Raume $\overline{R}_{w_1} + A + B$, d. h. im Raume, der durch $\overline{R}_{w_1} + A$ und den Punkt B bestimmt wird, dann müßte die Gerade BC den Raum $\overline{R}_{w_1} + A$ in einem Punkte C' schneiden, woraus folgen würde, daß die Gerade AC' den Raum $\overline{R}_{w_1}$ in einem Punkt C'' schneiden würde; aber der Punkt C'' liegt offenbar in der Ebene ABC, die zu $\overline{R}_{w_2}$ gehört, also müßten $\overline{R}_{w_2}$ und $\overline{R}_{w_1}$ nun auch wieder einen Punkt, nämlich C'', gemeinsam haben, was gegen die Voraussetzung ist.

Nun wird es nicht schwer sein, denselben Gedankengang für einen vierten Eckpunkt D von S_{w_2} zu verfolgen usw., und so kommen wir zu dem Schluß, daß die beiden Simplexe S_{w_1} und S_{w_2} zu einem Simplex $S_{w_1+w_2}$ zu vereinigen sind, woraus folgt, daß zwei einander kreuzende Räume $\overline{R}_{w_1}$ und $\overline{R}_{w_2}$ einen $\overline{R}_{w_1+w_2}$ bestimmen oder, etwas anders ausgedrückt: *bestimmen zwei einander kreuzende Räume* $\overline{R}_{w_1}$, $\overline{R}_{w_2}$ *einen* $\overline{R}_w$, *so ist*

$$w = w_1 + w_2. \qquad (1)$$

Wollen wir lieber mit Dimensionszahlen arbeiten, dann müssen wir schreiben:

$d + 1 = d_1 + 1 + d_2 + 1$, oder
$d = d_1 + d_2 + 1. \qquad (2)$

Haben wir umgekehrt einen $\overline{R}_w$, und darin ein S_w, also w Punkte, die nicht bloß in $\overline{R}_w$ liegen, sondern diesen $\overline{R}_w$ auch bestimmen, und brechen wir gleichsam S_w entzwei und machen aus den beiden Stücken zwei neue Simplexe S_{w_1} und S_{w_2}, dann werden die Räume $\overline{R}_{w_1}$ und $\overline{R}_{w_2}$, die durch diese neuen Simplexe bestimmt sind, einander notwendig kreuzen; denn hätten sie einen Punkt A gemein, so könnte man sowohl einen von den Eckpunkten von S_{w_1} als auch einen von den Eckpunkten von S_{w_2} durch den Punkt A ersetzen, und damit wäre es gelungen, $\overline{R}_{w_1}$ und $\overline{R}_{w_2}$ und daher auch $\overline{R}_w$, der durch diese beiden bestimmt ist, durch $w_1 + w_2 - 1$, also durch $w - 1$ Punkte zu bestimmen, was unmöglich ist.

8. Der Raum, bestimmt durch zwei Räume, die einander kreuzen usw. 33

Dieser Umkehrungssatz ermöglicht es uns nun, den Raum zu finden, der durch einen $\overline{R}_{w_1}$ und einen $\overline{R}_{w_2}$ bestimmt wird, wenn diese beiden einen $\overline{R}_{w_{12}}$ gemeinsam haben. Wir beginnen damit, in $\overline{R}_{w_{12}}$ ein $S_{w_{12}}$ anzunehmen, und ergänzen dasselbe durch $w_1 - w_{12}$ Punkte aus $\overline{R}_{w_1}$ zu einem S_{w_1} für diesen Raum, und ebenso durch $w_2 - w_{12}$ Punkte aus $\overline{R}_{w_2}$ zu einem S_{w_2} für diesen Raum, und betrachten nun z. B. den $\overline{R}_{w_1}$ im ganzen und den $\overline{R}_{w_2 - w_{12}}$, der in $\overline{R}_{w_2}$ gelegen ist und durch das Simplex $S_{w_2 - w_{12}}$ bestimmt ist. Da ja $S_{w_2 - w_{12}}$ und $S_{w_{12}}$ zusammen den $\overline{R}_{w_2}$ wirklich bestimmen, müssen $\overline{R}_{w_2 - w_{12}}$ und $\overline{R}_{w_{12}}$ einander kreuzen; aber dann müssen auch $\overline{R}_{w_2 - w_{12}}$ und $\overline{R}_{w_2}$ einander kreuzen, denn $\overline{R}_{w_2 - w_{12}}$ liegt in $\overline{R}_{w_2}$ und dieser hat mit $\overline{R}_{w_1}$ nur $\overline{R}_{w_{12}}$ gemein; eventuelle Schnittpunkte von $\overline{R}_{w_2 - w_{12}}$ und $\overline{R}_{w_1}$ würden also nirgends liegen können als gerade in $\overline{R}_{w_{12}}$.

Was nützt es uns nun, zu wissen, daß $\overline{R}_{w_1}$ und $\overline{R}_{w_2 - w_{12}}$ einander kreuzen? Antwort: wir lernen daraus, daß wir aus den beiden Simplexen S_{w_1} und S_{w_2} ein neues Simplex $S_{w_1 + w_2 - w_{12}}$ ableiten können, also mit anderen Worten daß der Raum, durch unsere beiden gegebenen Räume bestimmt, den Punktwert $w_1 + w_2 - w_{12}$ hat. Und damit ist der Endzweck erreicht.

Wir drücken das Resultat wie folgt in Worten aus. *Zwei Räume* $\overline{R}_{w_1}$, $\overline{R}_{w_2}$, *die einen* $\overline{R}_{w_{12}}$ *gemein haben, bestimmen einen* $\overline{R}_w$ *so, daß*

$$w = w_1 + w_2 - w_{12} \tag{3}$$

ist. In Dimensionszahlen ausgedrückt, finden wir:

$$d + 1 = (d_1 + 1) + (d_2 + 1) - (d_{12} + 1), \text{ oder}$$
$$d = d_1 + d_2 - d_{12}. \tag{4}$$

Analogon. Haben zwei Figuren vom Inhalt w_1 und w_2 ein Stück vom Inhalt w_{12} gemein, dann bestimmen sie zusammen eine Figur vom Inhalt $w_1 + w_2 - w_{12}$. Nimmt man für die zwei Figuren ebene Figuren, z. B. Kreise, so kann man eine Figur entwerfen, mit deren Hilfe der vorangehende Beweis erheblich bequemer zu verfolgen ist.

Wollen wir die letzte Formel auf den Fall anwenden, daß die beiden gegebenen Räume einander kreuzen, dann müssen wir nach Formel (2) dem d_{12} den Wert — 1 zuerkennen, also eine negative Dimension einführen. Was beweist das? Nun, einfach, daß wir Formel (4) eigentlich auf einen Fall anwenden, für den sie nicht gebraucht werden darf, und tatsächlich haben wir bei ihrer Ableitung stillschweigend vorausgesetzt, daß wirklich ein gemeinsamer Raum existiert, also wenigstens ein gemeinsamer Punkt, und daß also der kleinste Wert von d_{12} nicht Null war.

Den großen Wert, den die gefundenen Formeln für *uns* haben, verdanken sie einer etwas anderen Interpretierung. Nehmen wir z. B. die letzte und setzen einmal d, d_1, d_2 als bekannt voraus, dann läßt sich d_{12} ausrechnen, d. h. wir *können mit Hilfe dieser Formel*, deren Ableitung nicht so ganz bequem war, aber die selbst sehr einfach ist, *unmittelbar angeben wie zwei Räume, in einem gegebenen Raume gelegen* (natürlich sind immer lineare Räume gemeint), *einander schneiden müssen*.

Zum Beispiel. Eine Gerade und ein R_3 in R_4 müssen einen Punkt gemein haben, denn $d = 4$, $d_1 = 1$, $d_2 = 3$, also $d_{12} = 0$.

Zwei Ebenen in R_4 müssen einen Punkt gemein haben; denn $d = 4$, $d_1 = d_2 = 2$, also $d_{12} = 0$.

Eine Ebene und ein R_3 in R_4 müssen eine Gerade gemein haben; denn $d = 4$, $d_1 = 2$, $d_2 = 3$, also $d_{12} = 1$.

Zwei R_3 in R_4 müssen eine Ebene gemein haben; denn $d = 4$, $d_1 = d_2 = 3$, also $d_{12} = 2$.

Eine Gerade und eine Ebene in R_4 können einander kreuzen; denn $d = 4$, $d_1 = 1$, $d_2 = 2$, also $d_{12} = -1$.

Man achte auf den Unterschied. In den ersten vier Beispielen haben wir immer gesagt „müssen", im letzten „können", und in der Tat, eine Gerade und eine Ebene in R_4 müssen einander doch nicht kreuzen! Aber wenn sie einen Punkt gemeinsam haben, bestimmen sie einen R_3 in diesem R_4, ebenso gut wie zwei Geraden in unserem Raum, die einander schneiden, eine Ebene in diesem Raum bestimmen. Der Unterschied zwischen den ersten vier Beispielen und dem letzten ist darin gelegen, daß wir in dem letzten unsere Formel eigentlich wieder widerrechtlich anwenden; unsere Formel sagt uns ja, welchen Raum zwei andere Räume bestimmen, aber wenn wir in R_4 eine Gerade und eine Ebene annehmen, die einander schneiden, dann bestimmen sie den R_4 nicht. Nehmen wir zwei Geraden in R_4 an, dann finden wir für d_{12} sogar — 2; das kommt wieder daher, daß die beiden Geraden R_4 nicht bestimmen, und zeigt einfach an, daß sie einander kreuzen können.

Der Leser möge nun mit unserer Formel z. B. einmal in R_5 und R_6 experimentieren; er wird dann, glauben wir, das angenehme Gefühl nicht unterdrücken können, seinen Horizont sehr erheblich erweitert zu haben; das ist die Belohnung für die Anstrengung, die zu Beginn dieses Abschnittes erforderlich war.

Wir schließen mit dem Aufwerfen einer Frage. Wenn zwei Geraden parallel sind, haben sie keinen Punkt gemein und doch bestimmen sie keinen R_3, sondern eine Ebene; und in R_3 können eine Gerade und eine Ebene parallel sein, also keinen Punkt gemein haben, während doch $d = 3$, $d_1 = 1$, $d_2 = 2$ zu $d_{12} = 0$ führt, also zu einem gemeinsamen Punkt; wie reimt sich das? Man sieht, daß der Parallelismus uns neuerdings Unannehmlichkeiten verursacht; deshalb gehen wir nun zu allererst daran, uns ihrer zu entledigen.

9. Unendlich ferne Punkte. Girard Desargues. Johannes Kepler.

Daß parallele Geraden den schneidenden näher liegen als den kreuzenden, bedarf doch sicher keines Nachweises und wäre es nur, weil sie eine Ebene und keinen R_3 bestimmen, wie kreuzende Geraden; und unsere Formeln aus dem vorigen Abschnitt haben parallelen Geraden eigentlich schon einen Schnittpunkt zugewiesen (obgleich sie doch keinen haben) und sie also gleichsam zu den schneidenden gerechnet. Und tatsächlich, der Unterschied zwischen schneidenden und parallelen Geraden, der bei der Grundlegung der Geometrie so breit ausgemessen wird, wird später so bedeutungslos und dadurch zugleich so störend, daß man nichts Besseres tun kann, als dem Fingerzeig unserer Formeln aus dem vorigen Abschnitt zu folgen und die parallelen Geraden unter die schneidenden aufzunehmen. Fragen wir, wie das geschehen soll, dann ist die Antwort überraschend einfach: parallele Geraden verhalten sich wie Geraden, die einander schneiden, also werden sie auch danach behandelt, d. h. wir sprechen eben ruhig von ihrem Schnittpunkt! Man sieht: c'est simple comme bonjour, wie der Franzose sagt; aber vielleicht ist es dem Leser wohl etwas zu „simple" und somit etwas zu radikal! Und tatsächlich, eine etwas ausführlichere Erklärung scheint hier wohl am Platze. Zuerst die Bemerkung, daß es hier nicht um das Wesen der Sache geht, sondern einfach um die Art und Weise, wie wir uns im folgenden auszudrücken wünschen; parallele Geraden sind und bleiben Geraden, die in derselben Ebene liegen und die, wie weit sie auch verlängert werden, sich nicht schneiden, aber das ist es auch was wir meinen, wenn wir sagen: parallele Geraden haben einen uneigentlichen oder, wie man gegenwärtig lieber sagt, einen unendlich fern gelegenen Schnittpunkt. Wir wollen damit einfach zu erkennen geben, daß parallele Geraden sich ganz und gar verhalten, als besäßen sie einen Schnittpunkt; aber da sie ihn tatsächlich nicht besitzen und da in endlichem, wenn auch noch so großem Abstande ein solcher Punkt nicht zu finden ist, nennen wir ihn einen unendlich fernen Punkt.

Es wird nach dem, was in den vorhergehenden Abschnitten ans Licht getreten ist, sicher nicht nötig sein, die Vorteile dieses Vorgehens näher auseinanderzusetzen; wiederholt haben wir uns doch (man denke nur an unser raumerzeugendes Verfahren) veranlaßt gesehen, bei Betrachtungen, die auf das Bestehen von Schnittpunkten beruhen, hinzuzufügen: „parallele Geraden usw. inbegriffen," was auf die Dauer etwas Ermüdendes hat; unserer Bequemlichkeit ist also durch unsern neuen Vorgang sicherlich gedient, und es ist nur eine vernünftige und jedenfalls erlaubte Ökonomie, womöglich — und das scheint hier der Fall zu sein —

9. Unendlich ferne Punkte. Girard Desargues. Johannes Kepler

die drei Kategorien von Geraden, die denkbar sind, schneidende, parallele und kreuzende, auf zwei zurückzubringen, nämlich schneidende und kreuzende. Eine solche Reduktion bedeutet jedenfalls und für jedes Gebiet der Wissenschaft, wo sie durchführbar ist, nicht nur eine Vereinfachung, sondern einen wesentlichen Schritt vorwärts; in der Geometrie ist das Einführen von uneigentlichen oder hypothetisch unendlich fernen Punkten von so hervorragender Bedeutung, daß ohne sie das Studium, wenn auch nicht unmöglich, so doch sehr beschwerlich gemacht würde, wie sich im folgenden zeigen wird. Aber fragt man uns, ob wir dann wünschen, daß schon im elementaren Unterricht diese Reduktion durchgeführt werden soll, dann antworten wir ganz entschieden verneinend; es ist eine gewisse Reife des Urteils nötig, um die oben auseinandergesetzte Überlegung und Beweisführung auf ihren wahren Wert hin schätzen zu können, und die findet man bei Kindern nicht.

Der Begriff „unendlich ferner Punkt", für den modernen Mathematiker sozusagen tägliches Brot, ist trotz seiner etwas paradoxalen Bildung, wie das Weitere erkennen läßt, von eminenter Bedeutung, aber man glaube nicht, daß dieser Begriff sich nur so ohne weiteres einbürgern konnte; der erste Versuch ist sogar vollkommen gescheitert, aber das ist zu begreifen. Erstens wurde er ungefähr zwei Jahrhunderte zu früh, und zweitens auf ungeschickte Weise unternommen. Man weiß jetzt, in wessen Gehirn die in der Tat geniale und kühne Idee, parallele Geraden ohne weiteres als schneidende zu behandeln, zum ersten Mal aufgetaucht ist; es war der im Jahre 1593 in Lyon als Sohn eines gutgestellten Notars geborene GIRARD DESARGUES († 1662 in der nächsten Umgebung von Lyon), von Beruf Architekt und von Veranlagung ein genialer Mathematiker, der mit seinen tiefsinnigen Gedanken seiner Zeit ungefähr zwei Jahrhunderte voraus war und dafür, wie gewöhnlich, von seinen Zeitgenossen — einige große, wie FERMAT, DESCARTES, PASCAL ausgenommen — mit Spott und Hohn belohnt wurde. (Auch der große Astronom JOHANNES KEPLER (1571—1630) ist auf die Idee von unendlich fernen Punkten gekommen, ohne aber darauf so tief einzugehen wie DESARGUES).

Es ist kein Zufall daß die Idee, die uns hier beschäftigt, zuerst im Gehirn eines genialen Architekten auftauchte; DESARGUES mußte sich doch, zufolge seines Berufs, intensiv mit der Perspektive beschäftigen und nun drängt sich die Vorstellung, den Unterschied zwischen parallelen und schneidenden Geraden fallen zu lassen, nirgends so sehr auf, wie gerade in der Perspektive, was wir hier nicht näher auseinandersetzen können, aber . . . es war nichtsdestoweniger ein Genie nötig, um sich der aufdrängenden Gedanken bewußt zu werden und sie nicht als lächerlich zurückzudrängen. DESARGUES' Zeitgenossen aber, gebannt durch den Geist EUKLIDS und APOLLONIUS VON PERGA, des Verfassers eines unvergänglichen Werkes über die Kegelschnitte, waren nicht imstande, dem Fluge seiner Gedanken zu folgen und sahen daher auf mathematischem Gebiet in ihm nicht viel anderes als einen Phantasten. Und wirklich, er hatte etwas davon an sich; etwas exzentrisch war er sicher. Statt seine Werke z. B. auf gewöhnliche Weise in Buchform herauszugeben und dadurch allgemein käuflich zu machen, hatte er die Gewohnheit, sie mit mikroskopisch kleinen Buchstaben auf losen Blättern drucken zu lassen und diese nur unter seine Freunde zu verteilen, als fürchtete er, mit seinen Gedanken unter die Augen des Publikums zu kommen (was wohl auch der Fall war); aber überdies —und das war schlimmer—hatte er eine ganz eigene Benennungsweise, die er der Botanik entnommen, sodaß man von nichts anderem als von Stämmen, Zweigen, Wurzeln u. dgl. liest, und diese Eigenart vor allem war es, wie leicht zu begreifen, die der Verbreitung seiner Gedanken im Wege stand; seine Schriften wurden dadurch praktisch so gut wie unlesbar. Und so konnte es geschehen, daß beide, der Mann und sein Werk, durch den „Ozean der Vergessenheit" hinweggeschwemmt und zwei Jahrhunderte lang verborgen gehalten wurden, bis ein Zufall im Jahre 1845 eine Abschrift von einem dieser Werke, und gerade des wichtigsten, das den wunderlichen Titel trägt: „Brouillon

Project d'une atteinte aux éuénements des rencontres d'un cone auec un plan", also frei übersetzt, ein „vorläufiger Entwurf zur Untersuchung dessen, was geschieht, wenn ein Kegel und eine Ebene sich begegnen", und das in einer Bücherkiste am Seineufer zu Paris feilgeboten wurde, einem Mann in die Hände spielte der, wenn nicht der einzige, so jedenfalls der berufenste war, um einen Geist wie den des DESARGUES seinem Werte entsprechend zu schätzen; wir meinen MICHEL CHASLES, selbst ein genialer Geometer, aber zugleich auf dem Gebiete der Geometrie ein feiner Historiker; und so wissen wir heutzutage, was für einen genialen Mathematiker Frankreich zur Zeit Richelieus in DESARGUES besessen hat.

10. Jean Victor Poncelet und sein „Traité des propriétés projectives des figures".

Wir sahen, wie das Einführen des Begriffs „unendlich ferne Punkte" das erste Mal scheiterte; es mußte also von neuem versucht werden, und das geschah gerade ungefähr zwei Jahrhunderte später, als inzwischen die Zeitumstände bedeutend günstiger geworden waren. Diesmal war es der französische Genieoffizier JEAN VICTOR PONCELET (Metz 1788—Paris 1868), der es versuchte, einer der Begründer der sogenannten „projektiven Geometrie", welche neue Wissenschaft er in seinem Hauptwerk: „Traité des propriétés projectives des figures", erschienen im Jahre 1822, entwickelt hat. Dieses Werk ist, wenn auch nicht geschrieben, so doch entstanden unter so ungewöhnlichen Umständen, daß wir es nicht unterlassen können, dessen mit einem Wort Erwähnung zu tun.

Als jugendlicher Genieoffizier machte PONCELET den unglücklichen Feldzug Napoleons nach Rußland mit, wurde mit verschiedenen Leidensgenossen zu Krasnoje gefangen genommen, und mitten im abscheulich strengen Winter nach der Festung Saratow an der Wolga transportiert, wo er entkräftet und schwer krank anlangte und erst im Frühling des folgenden Jahres langsam gesundete, wenigstens körperlich (vêtu des lambeaux d'un uniforme français, mangeant le pain noir des paysans russes, il parcourut à pied les longues étapes qui séparent Krasnoë de Saratoff; plaines silencieuses et glacées où, dans ce fatal et exceptionnel hiver de 1812, se faisaient souvent sentir des froids par lesquels le mercure du thermomètre se solidifiait!"). Um nun aber nicht auch geistig unterzugehen und nicht der Verzweiflung anheimzufallen, nahm er seine durch den Krieg unterbrochenen geometrischen Studien wieder auf; von dem wenigen, das den Gefangenen zu ihrem Lebensunterhalt gegönnt wurde, wußte er noch etwas zu ersparen, um grobes Papier und Schreibzeug zu kaufen, während er um der Billigkeit willen selbst eine Art Tinte anfertigte, und so wurden die Grundlagen für sein Hauptwerk, den schon genannten „Traité", geschaffen, wovon er übrigens auch wieder durch anfängliches Fehlen von Anerkennung und durch ungerechte Beurteilung noch genug Verdruß erlebt hat; es würde uns aber zu weit führen, auch darauf noch näher einzugehen.

Inwiefern PONCELET von DESARGUES unabhängig ist, ist nicht leicht mehr festzustellen; tatsächlich nennt er in der Vorrede seines Buches den Namen DESARGUES, wobei er allerdings hinzufügt, daß er es beklagt, von dessen wichtigster Schrift (gerade das durch CHASLES 23 Jahre später entdeckte „Brouillon Project") nur dasjenige zu kennen, was in einer giftigen und sehr wenig klaren Kritik eines gewissen BEAUGRAND zu lesen steht. Wie dem auch sei, PONCELET hat nicht nur die unendlich fernen Punkte definitiv in die Mathematik eingeführt, sondern er hat auch zugleich, und ohne Zögern, alle Folgerungen daraus gezogen, was DESARGUES so gut wie sicher nicht getan hat und was für den Beginn des 17. Jahrhunderts auch als fast unmöglich betrachtet werden muß.

Man kommt nämlich, den Begriff „unendlich ferne Punkte" konsequent verfolgend, zu sehr fremdartigen und schwer begreiflichen Folgerungen, die doch notwendig angenommen werden müssen, so paradox sie auch klingen mögen, und mit wieviel anfänglichem Widerstreben wir ihnen auch entgegentreten. Parallelen Geraden geben wir einen unendlich fernen Schnitt-

10. Jean Victor Poncelet und sein „Traité des propriétés usw."

punkt; gut, dem sei so. Aber liegt dieser Punkt nun rechts oder links? (die Geraden sind horizontal gedacht). Oder liegt einer links, einer rechts? Dieses letztere scheint vorerst vielleicht das Wahrscheinlichste zu sein, muß aber nichtsdestoweniger verworfen werden; denn an der Voraussetzung, daß eine Gerade durch zwei Punkte bestimmt ist, und also zwei verschiedene Geraden höchstens einen Punkt gemeinsam haben können, wird man doch sicher nicht rütteln wollen; dann würde man ja Sätze erhalten wie diesen: „Zwei Punkte bestimmen eine Gerade, wenn sie nicht beide im Unendlichen liegen", womit der Geometrie schlecht gedient wäre. Aber wenn man das nicht will — und man will es in der Tat nicht — *dann muß man der Geraden nur einen unendlich fernen Punkt zuerkennen* und also annehmen daß man, gleichgültig ob man nach links oder nach rechts geht, in beiden Fällen zu demselben unendlich fernen Punkt gelangt. Wie paradox dies auch klingen möge, wir müssen es annehmen und tun es um so ruhiger, als wir uns nachdrücklich erinnern, daß der Ausspruch: „die Gerade b e s i t z t nur einen unendlich fernen Punkt", nichts anderes bedeutet als daß sie sich v e r h ä l t, a l s o b sie nur einen solchen Punkt besäße. Und nun ist alles in Ordnung. Nun ist die Gerade stets durch zwei Punkte bestimmt, auch dann, wenn einer von diesen Punkten im Unendlichen liegt; nun haben zwei verschiedene Geraden nie mehr als einen, und s t e t s einen Punkt gemeinsam, sobald sie in derselben Ebene liegen; nun endlich können wir von dem nebelhaften Begriff „Richtung" eine scharfe Umschreibung geben, *denn eine Richtung ist nichts anderes als ein unendlich ferner Punkt,* und eine Gerade ist durch einen Punkt und ihre Richtung bestimmt, weil die Richtung der zweite bestimmende Punkt ist.

Was wissen wir über alle unendlich fernen Punkte einer Ebene zu sagen? Antwort: *das Unendliche einer Ebene ist eine Gerade.* Denn wäre es etwas anderes, z. B. ein Kreis oder eine andere gekrümmte Linie, dann würde eine Gerade in der Ebene diese Linie in mehr als einem Punkt schneiden und also mehr als einen unendlich fernen Punkt enthalten.

Ganz auf dieselbe Weise zeigen wir, daß das *unendlich Ferne eines R_3 eine Ebene ist*; denn wäre es etwas anderes, z. B. eine Kugel oder eine andere Fläche, dann würde eine Gerade des R_3 die Fläche in mehr als einem Punkte schneiden und daher mehr als einen unendlich fernen Punkt enthalten. Und so weiter gehend, finden wir allgemein, daß *das unendlich Ferne eines R_d ein R_{d-1} ist*.

Dies ist die letzte Folgerung, zu der der kühne Grundgedanke von DESARGUES und KEPLER uns führte und die wir die projektive Auffassung der Geometrie nennen; wir werden bald Gelegenheit haben einzusehen, wie sehr alle diese neuen Auffassungen das Studium der Geometrie vereinfachen und die Einsicht in ihr Wesen vertiefen; aber . . . wir müssen uns stets bewußt bleiben, daß die Zuordnung eines unendlich fernen Punktes zu einer Gerade in letzter Instanz doch nichts anderes ist als eine Tat der Willkür, die auch fallen gelassen werden kann und in anderen Teilen der Mathematik auch wohl ganz fallen gelassen wird, z. B. in der Funktionentheorie, wo man ganz andere Auffassungen über das Unendliche hat als hier, von den nichteuklidischen Geometrien, die wir im zweiten Teile dieses Buches behandeln werden, gar nicht zu sprechen.

11. Vollständiger und teilweiser Parallelismus. Der „Grad" von Parallelismus.

Die unendlich fernen Punkte nehmen dem Studium des Parallelismus alle Schwierigkeit, weil man imstande ist, mit parallelen Figuren eine Vorstellung zu verbinden die, obgleich an und für sich unrichtig, doch immer zu richtigen Resultaten führt und führen muß. Wenn von der Stelle, wo wir uns befinden, zwei Geraden ausgehen die, sagen wir, im Mittelpunkt der Sonne oder des Mondes zusammenkommen oder selbst an der Spitze eines nahen Kirchturmes, dann sind die Geraden, theoretisch gesprochen, natürlich nicht parallel, aber praktisch genommen sind sie es wohl, wenigstens die Teile, die in unserer unmittelbaren Nähe liegen, denn für diese wird man nur mit Hilfe sehr

11. Vollständiger und teilweiser Parallelismus. Der „Grad" von usw.

feiner Meßwerkzeuge feststellen können, daß die beiden Geraden einen Winkel einschließen, und dasselbe gilt für Gerade und Ebene, für zwei Ebenen usw. Wir haben uns also, wenn die Rede von parallelen Figuren ist, nur Figuren vorzustellen oder zu denken, deren gemeinsame Punkte einen großen Abstand von uns haben, um Resultate zu erhalten, die theoretisch richtig sind.

Mit Hilfe dieser Vorstellung untersuchen wir nun die parallelen Figuren in R_4. Das Unendliche von R_4 ist, dem Schlusse des vorigen Abschnittes nach, ein R_3, den wir zur Unterscheidung U_3 nennen wollen und den wir uns wirklich bestehend denken, aber in sehr großem Abstand gelegen. Gehen nun von zwei verschiedenen Punkten von U_3 Geraden aus, die nicht ganz zu U_3 gehören (und also mit U_3 nur einen Punkt gemein haben), dann sind die Geraden nicht parallel; gehen sie aber von demselben Punkt aus, so sind sie parallel.

Das unendlich Ferne einer Gerade ist ein Punkt, das Unendliche einer Ebene ist eine Gerade; liegt der Punkt auf der Gerade, dann sind Gerade und Ebene parallel, sonst nicht.

Die unendlich fernen Geraden zweier Ebenen können einander in U_3 kreuzen oder schneiden, oder sie können zusammenfallen. Im ersten Falle liegen die Ebenen in R_4 willkürlich, d. h. sie haben einen Punkt im Endlichen gemein (vgl. Abschn. 8, S. 34), im letzten Falle sind sie parallel; aber wie nun im mittleren Falle? Die beiden unendlich fernen Geraden schneiden einander z. B. in einem Punkt S_∞; wenn also die Ebenen so allgemein liegen, wie dies in R_4 möglich ist, d. h. nur einen Punkt gemein haben, so muß dies der Punkt S_∞ sein; die beiden Ebenen haben also tatsächlich keinen einzigen Punkt gemein, sie verhalten sich aber, als ob sie einen Punkt gemeinsam hätten. Wie soll man diese Lage nun nennen? Die Antwort liegt auf der Hand: in diesem Fall nennt man die Ebenen „halb parallel". Das Eigenartige dieser Lage ist, daß in jedem der beiden Ebenen eine Schar von parallelen Geraden zu finden ist, die einer ebensolchen Schar in der anderen Ebene parallel ist (nämlich in beiden die Geraden durch S_∞), während alle anderen Geraden, je aus einer der beiden Ebenen entnommen, einander kreuzen.

Es ist wichtig festzustellen daß zwei Ebenen, die in einem R_3 gelegen sind, also so wie man ihnen in der Stereometrie begegnet, stets halb parallel sind; das unendlich Ferne des R_3 ist ja eine Ebene und in dieser Ebene liegen die unendlich fernen Geraden der beiden Ebenen, also müssen diese Geraden einen Punkt gemein haben. In der Stereometrie sind also selbst Ebenen, die senkrecht aufeinander stehen, noch teilweise parallel; wir werden aber bald einsehen lernen, daß sie ebensowenig senkrecht aufeinander stehen als parallel laufen, nämlich auch nur zur Hälfte, sodaß man sagen kann, daß im R_3 zwei Ebenen eigentlich nie ,,gehörig" senkrecht aufeinander stehen können.

Wir müssen den Ausdruck ,,halb parallel" noch etwas genauer erklären, um den Leser vor der falschen Vorstellung zu bewahren, als würde man alles, was nicht vollkommen parallel oder vollkommen unparallel ist, bequemlichkeitshalber halb parallel nennen. Im Gegenteil: man bestimmt genau den Grad von Parallelität zweier Figuren und kann also auch von $1/3$ oder $3/5$ Parallelität usw. sprechen.

Denken wir uns im R_4 einmal eine Ebene und einen R_3. Die Ebene hat eine unendlich ferne Gerade, der R_3 eine unendlich ferne Ebene, und da die Gerade und die Ebene in U_3 liegen, haben sie notwendig einen Punkt gemein. Man schließt nun wie folgt. Die Ebene und der R_3 haben im Unendlichen eine Figur vom Punktwert 1 gemeinsam (nämlich einen Punkt); die Ebene hat im Unendlichen eine Figur vom Punktwert 2 (eine Gerade), der R_3 eine Figur vom Punktwert 3 (eine Ebene); man teilt nun den Punktwert dessen, was sie gemeinsam haben, also 1, durch den kleineren der beiden anderen Punktwerte, also 2, und sagt dann: der ,,Grad von Parallelität" der Ebene und des R_3 ist $1/2$. Diese Definition des ,,Grades der Parallelität" ist so gewählt, daß der Grad = 1 wird in allen Fällen, die jeder als volle Parallelität ansieht; liegt z. B. im Falle der Ebene und des R_3 die unendlich ferne Gerade der Ebene ganz in der unendlich fernen

12. Der Raum R_3^n, in R_4 senkrecht auf einer Gerade stehend

Ebene des R_3, dann betrachtet man natürlich die Ebene als vollkommen parallel mit dem R_3; aber dann wird der Grad von Parallelität auch $^2/_2$, da nun der Punktwert dessen, was beide Figuren im Unendlichen gemeinsam haben, 2 ist.

Betrachtet man zwei dreidimensionale Räume in R_4, dann findet man einen anderen Grad von Parallelität als $^1/_2$; jeder Raum besitzt nämlich im Unendlichen eine Ebene, und diese haben eine Gerade gemeinsam, weil sie in einem U_3 liegen; der Grad von Parallelität ist also $^2/_3$. Zwei Räume in R_4 sind also entweder $^2/_3$ oder vollkommen parallel. In R_5 dagegen können sie auch nur $^1/_3$ parallel sein, und erst in R_6 können sie ganz willkürlich liegen.

12. Der Raum R_3^n, in R_4 senkrecht auf einer Gerade stehend.

Nach der Parallelität kommt das Studium des Senkrechtstehens an die Reihe; wir werden auch hier vom vollständig und teilweise Senkrechtstehen sprechen und werden z. B. finden, daß zwei Ebenen, die im R_3, also in der Stereometrie, senkrecht aufeinander stehen, nur halb senkrecht sind (und zugleich halb parallel, wie wir wissen, siehe Abschn. 11, S. 43).

Wir beginnen damit an den Beweis des Satzes aus der Stereometrie zu erinnern, nach welchem alle Geraden, die in einem Punkte O senkrecht auf einer Gerade l stehen, in einer Ebene liegen (Fig. 3).

Nimm auf der gegebenen Gerade zwei Punkte P und Q an, gleich weit entfernt von O. Laß nun $OA \perp OP$ sein, dann ist $\triangle AOP \cong \triangle AOQ$ (zwei Seiten und der eingeschlossene Winkel gleich), also $AP = AQ$. Daß nun Geraden $\perp OP$ möglich sind,

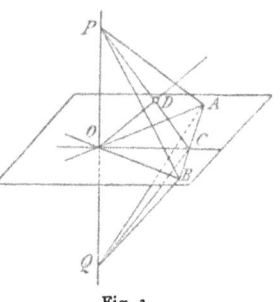

Fig. 3

die nicht in der Ebene APQ liegen, folgt aus der Tatsache, daß durch OP unendlich viele verschiedene Ebenen gehen und in jeder von ihnen eine Gerade in O auf OP senkrecht steht; wäre nämlich durch OP nur eine Ebene möglich, dann wäre das Weltall ein R_2 statt ein R_3, und hätten wir es also statt mit der Stereometrie mit der Planimetrie zu tun. Ist OB solch eine Gerade, dann beweist man auf die gleiche Weise wie soeben, daß $BP = BQ$ ist, woraus unmittelbar $\triangle\,ABP \cong \triangle\,ABQ$ folgt und daher $CP = CQ$, und daher $\triangle\,COP \cong \triangle\,COQ$ (drei Seiten gleich), und daher $<COP\, = \,<COQ = 90^0$.

Umgekehrt ist keine Gerade durch $O \perp OP$ möglich, die nicht in der Ebene AOB liegt; denn wäre z. B. OD eine solche Gerade, dann brauchten wir nur die Ebene POD mit AOB zum Schnitt zu bringen (der Einfachheit halber haben wir angenommen, daß die Schnittlinie mit OC zusammenfällt), um *zwei* Geraden zu finden, nämlich OC und OD, die in derselben Ebene und in demselben Punkte auf derselben Gerade senkrecht stehen, was unmöglich ist. Alle Geraden also, die in einem R_3 im selben Punkte senkrecht auf derselben Gerade stehen, liegen in einer Ebene; und diese Ebene nennen wir senkrecht auf der Gerade und wir zeigen auf bekannte Weise, daß die gegebene Gerade jede andere Gerade der Ebene senkrecht kreuzt.

Gehen wir nun zu R_4 über. Wir nennen die gegebene Gerade l und legen nun durch l nicht eine Ebene, sondern einen R_3. Auch deren gibt es nun unendlich viele, denn gäbe es nur einen, dann wäre das Weltall ein R_3, und hätten wir es mit der Stereometrie statt mit der vierdimensionalen Geometrie zu tun. Durch l gehen also unendlich viele verschiedene R_3's, und je zwei von diesen schneiden einander (nach der Formel $d = d_1 + d_2 - d_{12}$ von Abschn. 8, die hier $4 = 3 + 3 - 2$ wird) in einer Ebene λ, die natürlich durch l geht, da beide R_3 durch l gehen. Denken wir uns nun erst einen solchen R_3 durch l und darin die Ebene α, die in O senkrecht auf l steht; dann steht also auch umgekehrt l senkrecht auf allen Geraden durch O, die in α liegen. Und denken wir uns noch einen zweiten R_3, z. B. R_3' und darin die senkrechte Ebene α', dann beweisen wir zunächst, daß α und α' nicht nur den Punkt O, sondern auch eine Schnittlinie s gemeinsam haben, die in der Ebene λ liegen muß.

12. Der Raum R_3^n, in R_4 senkrecht auf einer Gerade stehend 47

Die Ebenen λ und α liegen in R_3 und haben also (immer wieder nach derselben Formel $d = d_1 + d_2 - d_{12}$) eine Schnittlinie s; aber λ und α' liegen in R'_3 und haben also eine Schnittlinie s', sodaß in λ zwei Geraden s und s' liegen, die beide durch O gehen. Da aber l sowohl auf α als auch auf α' senkrecht steht, steht sie auch senkrecht sowohl auf s als auch auf s', woraus folgt, daß s und s' zusammenfallen. Die Ebenen α und α' haben also eine Schnittlinie s, und daraus folgt, daß sie in einem R_3 liegen, der natürlich auch den Punkt O enthält; wir wollen diesen neuen Raum $R_3{}^n$ nennen.

Es sei n eine Gerade durch O in $R_3{}^n$ gelegen. Eine Ebene ν durch n und ebenfalls in $R_3{}^n$ gelegen, schneidet α und α' in zwei Geraden a und a', die aber beide senkrecht auf l stehen, sodaß umgekehrt l senkrecht auf der Ebene ν steht, und daher auch auf der Gerade n. Wir finden also, daß l senkrecht auf jeder Gerade von $R_3{}^n$ steht, die durch O geht, woraus folgt, daß sie jede andere Gerade dieses Raumes senkrecht kreuzt, daß sie jede Ebene dieses Raumes durch O senkrecht schneidet, und jede andere Ebene dieses Raumes senkrecht kreuzt, sodaß sie im vollsten Sinne des Wortes senkrecht auf diesem Raume genannt werden darf.

Aber umgekehrt ist auch leicht einzusehen, daß keine Gerade durch O und $\perp l$ möglich ist, die nicht zu $R_3{}^n$ gehört; wäre etwa p eine solche Gerade, dann würde die Ebene durch l und p den Raum R_3 in einer Gerade p' schneiden müssen (Grundformel $d = d_1 + d_2 - d_{12}$), und es würden in der Ebene lp zwei Geraden in O senkrecht auf l stehen. Unser Schlußresultat läßt sich also wie folgt formulieren: *alle Geraden, die in einem Punkte O einer Gerade l von R_4 senkrecht auf l stehen, liegen in einem R_3; wir nennen diesen den R_3, der in O senkrecht auf l steht.*

$R_3{}^n$ ist ein dreidimensionaler Raum; man kann also in $R_3{}^n$ auf unendlich viele verschiedene Arten drei untereinander senkrechte Geraden ziehen, ein sogenanntes rechtwinkliges oder Cartesisches Koordinatensystem; jede dieser Geraden steht aber senkrecht auf l, so daß l mit jedem von diesen Koordinatensystemen ein neues Koordinatensystem bildet, nun aber mit **vier** durch einen Punkt gehenden, paarweise senkrecht stehenden Achsen. Dies ist das rechtwinklige oder Cartesische Koordinatensystem in R_4, das die Grundlage für die analytische Geometrie in diesem Raume bildet; man kann es, ebenso wie übrigens die analogen Systeme in R_3 und R_2, als eine besondere Art von Simplex (Abschnitt 7, S. 27) auffassen, indem man den Punkt O und die unendlich fernen Punkte der Achsen als Eckpunkte betrachtet.

Der Leser vermutet nun schon daß, wenn das Weltall ein R_d ist, ein R_{d-1} senkrecht auf einer Gerade stehen wird; dem ist tatsächlich so, wir werden uns aber mit dem Beweis dieses allgemeinen Satzes nicht beschäftigen.

13. Absolut normale Ebenen in R_4.
Die auf einem R_3 senkrechte Gerade.

Ist in R_4 eine Gerade l_1 gegeben, dann steht, wie wir im vorigen Abschnitt gezeigt haben, in einem Punkte O dieser Gerade ein R_3 senkrecht auf dieser Gerade. Dieser R_3 läßt sich leicht konstruieren: wir brauchen nur durch l_1 drei Ebenen $\lambda_1, \lambda_2, \lambda_3$ zu legen, die nicht im nämlichen $R_3{}''$ liegen, und in diesen die Senkrechten n_1, n_2, n_3 in O auf l_1 zu errichten; diese drei Senkrechten liegen nicht in einer Ebene, bestimmen also einen R_3, und von diesem kann auf die im vorigen Abschnitt angegebene Weise gezeigt werden, daß er der R_3 ist, der in O senkrecht auf l_1 steht. Die beiden Senkrechten n_1, n_2 nämlich bestimmen mit l_1 einen R_3, und jede Ebene durch l_1 und in diesem Raume gelegen, enthält eine Senkrechte in O auf l_1, die in der Ebene $n_1 n_2$ liegt, während umgekehrt auch jede Gerade in dieser Ebene und durch O mit l_1 eine Ebene bestimmt, die zu R_3 gehört; eine Ebene λ_3 also, die nicht in R_3 liegt, liefert notwendig eine Senkrechte n_3, die nicht in der Ebene $n_1 n_2$ gelegen ist.

Denken wir uns nun eine zweite Gerade l_2 durch O. Auf l_1 steht ein Raum $R_3^{(1)}$ senkrecht, auf l_2 ein $R_3^{(2)}$, und diese haben eine Ebene gemeinsam; wir wollen nun untersuchen, wie diese

13. Absolut normale Ebenen in R_4. Die auf einem R_3 senkrechte Gerade

Ebene, die wir ν nennen wollen, hinsichtlich der Ebene λ durch l_1 und l_2 gelegen ist.

Die Gerade l_1 steht senkrecht auf $R_3^{(1)}$, also senkrecht auf jeder Gerade und jeder Ebene dieses $R_3^{(1)}$ durch O, also auch senkrecht auf ν; und also steht auch umgekehrt jede Gerade n von ν und durch O senkrecht auf l_1. Auf gleiche Weise zeigt man, daß jede Gerade n senkrecht auf l_2 steht; aber da jede Gerade n mit l_1 und l_2 einen R_3 bestimmt, steht jede Gerade n senkrecht auf der Ebene λ, d. h. auf allen Geraden in dieser Ebene, die durch O gehen. Wir finden also, daß λ und ν zwei Ebenen sind, die die merkwürdige Eigenschaft haben, daß jede Gerade durch O in der einen Ebene senkrecht auf jeder Gerade durch O in der anderen Ebene steht, woraus folgt, daß jede beliebige Gerade der einen Ebene mit jeder beliebigen Gerade der anderen Ebene einen rechten Winkel einschließt.

Nach dem, was wir hier gefunden haben, ist es wohl überflüssig zu zeigen, daß die beiden Ebenen λ und ν nur den Punkt O gemeinsam haben, und also zwar beide in R_4, aber nicht beide in demselben R_3 gelegen sind; übrigens, angenommen daß dies letztere der Fall wäre, dann hätten die beiden Ebenen eine Schnittlinie gemeinsam, die auf Grund des Vorangehenden senkrecht auf sich selbst stehen müßte, was natürlich unmöglich ist. Ist daher in R_4 eine Ebene λ gegeben, dann können wir in jedem Punkte O dieser Ebene eine andere Ebene ν anbringen, so daß jede ihrer Geraden mit jeder Gerade von λ einen rechten Winkel einschließt; man braucht nur durch O und in λ zwei Geraden l_1, l_2 zu ziehen, auf diese die senkrechten Räume zu errichten, und diese miteinander zum Schnitt zu bringen.

Man wird es begreiflich finden, daß wir die Ebenen λ und ν vollkommen, oder wie man gewöhnlich sagt, absolut normal nennen; *zwei absolut normale Ebenen sind also zwei Ebenen, die so gelegen sind, daß jede Gerade der einen Ebene mit jeder der anderen Ebene einen rechten Winkel einschließt;* sie sind in R_3 noch nicht möglich, aber wohl in R_4 und höheren Räumen.

In einem Punkte O einer Ebene λ ist in R_4 nur eine Ebene ν

möglich, die absolut normal auf λ steht. Angenommen nämlich, es gäbe zwei solche, ν_1 und ν_2, dann würde eine willkürliche Gerade l in λ und durch O mit ν_1 einen R_3^1 und mit ν_2 einen R_3^2 bestimmen; diese beiden R_3's würden eine Ebene λ' durch l gemeinsam haben, und diese Ebene λ' würde mit ν_1 und ν_2 jedesmal eine Gerade durch O gemeinsam haben, weil sie mit jeder dieser beiden Ebenen in einem R_3 liegt. Aber die beiden Geraden würden in O beide senkrecht auf l stehen und daher zusammenfallen. Und da l willkürlich war, müßten auch ν_1 und ν_2 zusammenfallen.

Wie steht es dann eigentlich mit zwei sogenannten senkrechten Ebenen aus der Stereometrie? Von unserem neuen und höheren Standpunkt aus gesehen ist am Senkrechtstehen solcher Ebenen wohl noch einiges auszusetzen; weit davon entfernt, daß jede Gerade der einen Ebene senkrecht steht auf jeder Gerade der anderen, gibt es in jeder Ebene nur eine Schar (untereinander paralleler) Geraden, die diese Eigenschaft besitzen; die beiden Ebenen stehen also nur sehr mangelhaft senkrecht aufeinander (wir erinnern uns übrigens aus Abschn. 11, S. 44, daß sie zugleich halb parallel sind) und werden vorläufig von uns halb senkrecht genannt werden, während wir uns vorbehalten, das Wörtchen „halb" noch näher zu präzisieren.

Wir gehen nun noch einen Schritt weiter und denken uns eine dritte Gerade l_3 durch O; liegt diese in λ, dann steht sie senkrecht auf ν, und die Ebene ν wird also in dem $R_3^{(3)}$ liegen, der in O senkrecht auf l_3 steht, woraus wir nebenbei entnehmen können, *daß, wenn eine Gerade l durch O die Ebene λ überstreicht, der R_3, der in O senkrecht auf l steht, um eine Ebene ν sich dreht, die in O absolut senkrecht auf λ steht.* Man sieht, daß das Rotieren einer Ebene um eine Gerade, wie es in R_3 geschieht, in R_4 als Analogon das Rotieren eines R_3 um eine Ebene hat; im folgenden Abschnitt kommen wir noch darauf zurück.

Wenn nun aber l_3 **nicht** in der Ebene von l_1 und l_2 liegt, dann enthält auch $R_3^{(3)}$ nicht die Ebene ν; wäre dies nämlich doch so, dann stünde ν senkrecht auf l_1, l_2, l_3, also auf dem R_3, der durch diese drei Geraden bestimmt ist. Aber ν muß den R_3 in einer

Gerade n schneiden, und diese müßte senkrecht auf sich selbst stehen, was unmöglich ist. $R_3^{(3)}$ schneidet also die Ebene ν in einer Gerade n, die als Schnittlinie von drei Räumen, die beziehungsweise senkrecht auf l_1, l_2, l_3 stehen, selbst senkrecht auf diesen drei Geraden steht und also dem vorigen Abschnitt zufolge (siehe S. 47) auf dem durch die drei Geraden bestimmten R_3 senkrecht steht. Damit ist der Umkehrungssatz des wichtigsten Satzes von Abschnitt 12 bewiesen, nämlich: *in einem willkürlich gewählten Punkt O eines R_3 kann, wenn das Weltall ein R_4 ist, eine Senkrechte auf diesen R_3 errichtet werden;* und die Konstruktion dieser Senkrechte ist durch das Vorhergehende zugleich gegeben: man legt durch O und in R_3 drei Geraden, die nicht in einer Ebene liegen, errichtet die zugehörigen senkrechten Räume, und bringt sie miteinander zum Schnitt.

Der Zusatz „wenn das Weltall ein R_4 ist", gehört notwendig dazu, denn ist das Weltall ein R_5, dann steht auf einem R_3 eine Ebene senkrecht, in einem R_6 ein R_3 usw., woraus das allgemeine Theorem für beliebige Dimensionen leicht zu entnehmen ist; auf den Beweis gehen wir aber nicht ein.

14. Drehen eines R_3 um eine Ebene, eine Gerade oder einen Punkt. Die Hypersphäre.

Wir kamen im vorigen Abschnitt auf die Drehung eines R_3 um eine Ebene zu sprechen und nannten dies das vierdimensionale Analogon zur Drehung einer Ebene um eine Gerade in R_3; wir wollen nun versuchen, von dieser und ähnlichen Bewegungen in R_4 eine Idee zu erhalten.

Dazu beweisen wir in erster Linie den Satz, daß alle Ebenen ν, die absolut normal auf einer Ebene λ sind, untereinander parallel sind. Man denke sich in λ zwei Punkte N_1, N_2 willkürlich angenommen und in diesen die (auf λ) absolut senkrechten Ebenen ν_1, ν_2 angebracht; es ist zu beweisen, daß diese parallel sind.

Durch die Ebene ν_1 und die in λ gelegene Gerade $N_1 N_2$ ist ein R_3 bestimmt, der λ längs der Gerade $N_1 N_2$ schneidet, und in diesem R_3 läßt sich durch den Punkt N_2 eine Ebene $v_2 // v_1$ anbringen; wir behaupten, daß v_2^* dieselbe Ebene ist wie v_2. Da nämlich bei Parallelverschiebung alle Winkel unverändert bleiben,[1]) muß v_2^* notwendig auch absolut normal auf λ sein; fiele sie also nicht mit v_2 zusammen, dann wären in N_2 zwei auf λ absolut normale Ebenen möglich, und dies ist im Widerspruch mit den Resultaten von Abschnitt 13; also ist $v_2^* = v_2$. Womit natürlich gezeigt ist, daß alle Ebenen, die absolut normal auf derselben Ebene λ sind, untereinander parallel sind.

Alle Geraden in v_1, die durch den Punkt N_1 gezogen werden, stehen senkrecht auf λ; eine solche Gerade kann also, immer in v_1 bleibend, eine Drehung um den Punkt N_1 ausführen, d. h. um λ, oder anders ausgedrückt: die Ebene v_1 kann in sich selbst d. h. ohne als Ganzes die Lage zu ändern, um den Punkt N_1 oder um die Ebene λ sich drehen. Und wenn wir nun zwei verschiedene Ebenen v_1, v_2 nehmen, wie es hier oben geschehen ist und zwei willkürliche Punkte P_1, P_2 in diesen Ebenen beziehungsweise mit N_1 und N_2 verbinden, dann stehen die Geraden $P_1 N_1$, $P_2 N_2$, ohne notwendig parallel zu sein, beide senkrecht auf λ, so daß $N_1 N_2 P_2 P_1$ ein schiefes Viereck mit zwei rechten Winkeln ist, nämlich bei den Eckpunkten N_1, N_2; und wenn wir nun die Ebenen v_1, v_2 um ihre Fußpunkte N_1, N_2 und beide mit derselben Winkelgeschwindigkeit und im selben Sinne sich um die Ebene λ drehen lassen, dann bleibt dabei das schiefe Viereck oder, was dasselbe ist, das Simplex $N_1 N_2 P_2 P_1$, in seiner Gestalt und Dimension unverändert und also auch der R_3, der durch das Simplex bestimmt wird. Der R_3 dreht sich also als Ganzes um die Ebene λ, und da der R_3 bei der Drehung das Weltall R_4 durchläuft, kann man, ebenso wie beim R_3 und einer Gerade, sagen, daß R_4 eine Drehung in sich selbst um eine Ebene λ vollbringen

---

[1]) Laufen zwei Geraden l_1^*, l_2^*, durch einen Punkt O^* parallel zu zwei Geraden l_1, l_2 durch O, dann liegen, nach der Definition von parallelen Geraden, l_1 und l_1^*, und ebenso l_2 und l_2^*, in einer Ebene; diese Ebenen, die die Gerade OO^* gemeinsam haben, liegen in einem R_3, und in diesem ist $\measuredangle\, l_1^* l_2^* = \measuredangle\, l_1 l_2$.

14. Drehen eines R_3 um eine Ebene, eine Gerade oder einen Punkt usw.

kann; jeder Punkt von R_4 beschreibt dabei einen Kreis, der in einer zu λ absolut normalen Ebene gelegen ist.

Zu ganz anderen Resultaten führt natürlich die Bewegung von R_4 um eine Gerade l. Von einem willkürlichen Punkt P von R_4 kann man *eine* Senkrechte auf l fällen, aber wenn wir den Fußpunkt der Senkrechte V nennen, dann kann man in V auf l einen R_3 errichten $\perp l$, und dieser enthält natürlich den Punkt P; und alle Punkte dieses R_3, die von V gleichweit entfernt sind wie P, liegen auf einer Kugel mit V als Mittelpunkt und VP als Radius. Der Punkt P kann also diese Kugel beschreiben, ohne daß die Gerade PV aufhört, senkrecht auf l zu sein, d. h. wenn P sich um l dreht, beschreibt er die Oberfläche einer Kugel. Und wenn wir nun die Ebene Pl betrachten, oder einen R_3 durch P und l, oder sogar den ganzen R_4, dann ist immer eine Drehung um l möglich, so daß jeder Punkt eine Kugel um den Fußpunkt der Senkrechte beschreibt, die von diesem Punkte aus auf l gefällt wird.

Schließlich kann man noch fragen, wie dann eigentlich in R_4 eine Drehung um einen festen Punkt O aussieht und diese Frage wird sich beantworten lassen, sobald wir wissen, wo sich alle Punkte von R_4 befinden, die einen vorgeschriebenen Abstand von O haben. In dem einen oder andern R_3 durch O liegen alle diese Punkte auf einer Kugel um O, aber solcher R_3's, und also auch solcher Kugeln, gibt es unendlich viele; welches ist ihr geometrischer Ort?

Der gesuchte geometrische Ort wird von jedem R_3 durch O in einer Kugel geschnitten, von jedem R_2 durch O längs eines Kreises, von jedem R_1, d. h. von jeder Gerade, durch O in zwei Punkten; all dies weist darauf hin, daß der gesuchte geometrische Ort ein Raum sein muß, denn nur dieser hat die Eigenschaft daß er, wenn man alle seine Punkte mit einem festen Punkt O außerhalb verbindet, alle Geraden liefert, die in R_4 durch O möglich sind. Es ist aber diesmal kein linearer Raum mehr, sondern ein sogenannter „gebogener", denn er wird durch eine Gerade durch O nicht in einem, sondern in zwei Punkten geschnitten; kurz, er bildet die Fortsetzung in der Reihe, deren erste zwei Glieder lauten: Kreis, Kugel, und wird „Hypersphäre" genannt, während O natürlich wieder der Mittelpunkt ist. Rotiert also die eine oder andere Figur von unveränderlicher Gestalt in R_4 — oder rotiert schließlich der ganze R_4 — um einen festen Punkt O, dann beschreibt jeder Punkt eine Hypersphäre.

Denken wir uns noch einmal eine Ebene R_2 in einem R_3; R_3 ist das Weltall. In einem Punkt von R_2 können wir eine Senkrechte auf R_2 errichten und mit ihrer Hilfe an R_2 zwei Seiten unterscheiden, die wir Ober- und Unterseite nennen wollen; wir setzen voraus, daß wir uns selbst auf der Oberseite befinden und, wie wir es ausdrücken wollen, auf die Ebene hinunterschauen. Nun sei in der Ebene eine Gerade l gelegen und ferner ein unregelmäßiges Dreieck ABC so, daß, wenn es in der Richtung A, B, C durchlaufen wird, der sich bewegende Punkt sich mit dem Zeiger der Uhr mit bewegt, wobei wir die Uhr auf die Oberseite der Ebene legen. Wir setzen ferner voraus, daß das Dreieck gefärbt ist und zwar von oben rot und von unten schwarz. Lassen wir nun dieses Dreieck um die Gerade l als Achse rotieren, bis es (nach einer halben Drehung) wieder in die Ebene zu liegen kommt, dann sind zwei Dinge geschehen, die für den Bewohner von R_2 ein Wunder sind: erstens geht nun die Bewegungsrichtung A, B, C der Uhrzeigerbewegung entgegen, und zweitens ist die Oberseite schwarz, die Unterseite rot, und weder das eine noch das andere ist durch Bewegungen in R_2 erreichbar, und macht also auf den Bewohner von R_2 den Eindruck, übernatürlich zu sein. Hätte er nun zwei Dreiecke, die untereinander kongruent, beide wie Handschuhe auf seine rechte Hand paßten, dann würde nach der Drehung des einen dieses auf seine linke Hand passen, aber von oben gesehen würde er dann einen roten und einen schwarzen Handschuh tragen!

Das Weltall sei nun ein R_4, und es liege darin ein R_3; in jedem Punkte von diesem läßt sich eine Senkrechte auf R_3 errichten,

14. Drehen eines R_3 um eine Ebene, eine Gerade oder einen Punkt usw.

und mit ihrer Hilfe können wir an R_3 zwei Seiten unterscheiden, die wir Ober- und Unterseite nennen wollen; wir setzen voraus, daß wir uns selbst auf der Oberseite von R_3 befinden und von da aus auf R_3 niedersehen.

Es sei in R_3 eine Ebene λ und ein willkürliches Tetraeder $ABCD$ gegeben. Ebenso wie wir oben von unserem Standpunkt in R_3 sowohl das Innere als das Äußere von $\triangle ABC$ sehen konnten, sehen wir nun von unserm Standpunkt in R_4 sowohl das Äußere als das Innere vom Tetraeder und insbesondere von beiden die „Oberseite", die wir uns wieder, was das Tetraeder anbetrifft, rot gefärbt denken, während die „Unterseite" schwarz gemacht wird. Lassen wir nun das Tetraeder durch R_4 hindurch eine Drehung von 180° um λ vollführen, dann geht es in sein Spiegelbild über, aber zugleich erscheint das Innere nun schwarz, denn wir schauen nun auf die Seite, die soeben noch „Unterseite" war.

Wir können noch etwas anderes tun. Denken wir uns das Dreieck ABC von vorhin aus drei Stäben gezimmert und diese von außen rot, von innen schwarz, dann wird auch nach der Drehung die Außenseite noch rot, die Innenseite schwarz sein. Denken wir uns also in R_3 einmal einen rechten Handschuh mit Pelz gefüttert und von außen braun und von innen weiß, dann wird er auch nach der Drehung durch R_4 von außen noch braun und von innen weiß sein, aber er paßt nun an die linke Hand! Die Erklärung ist die, daß rechter und linker Handschuh Begriffe sind, die einander nur in R_3 ausschließen. Sowie man ein und dasselbe Dreieck ABC als rechts- und links drehend ansehen kann, je nachdem man es von der einen oder anderen Seite der Ebene betrachtet, so kann man ein und denselben Handschuh als linken und rechten ansehen, je nachdem man ihn von der einen oder andern Seite seines Raumes ansieht, und durch das Drehen um eine Ebene kommt die andere Seite nach oben.

15. Teilweise senkrechte Räume.
Der Grad des Senkrechtstehens.

So wie das Studium des Parallelismus, so wird auch das Studium des Senkrechtstehens bedeutend vereinfacht, indem man in den Kreis der Betrachtungen die unendlich fernen Elemente der aufeinander senkrecht stehenden Figuren aufnimmt. Wir wissen aus Abschnitt 10 S. 42, daß alle unendlich fernen Punkte von R_4 einen linearen dreidimensionalen Raum U_3 erfüllend gedacht werden müssen, während Abschnitt 12 uns gelehrt hat, daß in R_4 ein R_3 senkrecht auf einer Gerade steht, und Abschnitt 13, daß umgekehrt eine Gerade senkrecht steht auf einem R_3; können wir also überdies beweisen, daß alle Geraden, die senkrecht auf demselben R_3 sind, untereinander parallel sind und umgekehrt alle R_3's, die senkrecht auf derselben Gerade sind, untereinander parallel sind, dann geht daraus deutlich hervor, daß alle R_3's, die auf demselben System paralleler Geraden senkrecht stehen, dieselbe unendlich ferne Ebene λ_∞ haben, und umgekehrt alle Geraden, die senkrecht auf derselben Schar von parallelen R_3's stehen, denselben unendlich fernen Punkt L_∞ enthalten, *sodaß die Punkte und Ebenen in U_3 auf diese Weise als Paare L_∞, λ_∞ einander zugeordnet werden können, sodaß jede Gerade durch L_∞ senkrecht auf jedem R_3 durch λ_∞ steht und umgekehrt.*

Nun ist tatsächlich doch unmittelbar einzusehen, daß zwei Geraden l_1, l_2, die in zwei Punkten L_1, L_2 senkrecht auf demselben R_3 stehen, untereinander parallel sind; denken wir uns nämlich durch l_1 und die in R_3 gelegene Gerade $L_1 L_2$ eine Ebene gelegt und darin durch L_2 die Gerade $l_2^* // l_1$ gezogen, dann steht l_2^* in L_2 senkrecht auf R_3, da sie mit allen Geraden von R_3, die durch ihren Fußpunkt L_2 gezogen werden, rechte Winkel einschließt — denn sie ist ja $// l_1$ —; in L_2 steht aber, wie wir soeben noch in Erinnerung brachten, nur eine Gerade senkrecht auf R_3; also ist $l_2 = l_2^*$ und also $// l_1$. Und umgekehrt, haben wir in einem Punkt P_1 einer Gerade l den senkrechten R_3 konstruiert und wollen wir nun in einem Punkt P_2 dasselbe tun, dann brauchen

15. Teilweise senkrechte Räume. Der Grad des Senkrechtstehens 57

wir offenbar nur alle Geraden des R_3 durch P_1 parallel zu sich selbst nach P_2 zu verschieben, wodurch natürlich ein R_3 entsteht parallel zum ersten.

Wir kommen also in der Tat zum Resultat, daß die Punkte L_∞ und die Ebenen λ_∞ von U_3 einander auf die oben umschriebene Weise zugeordnet sind, und wenn der Verfasser dieses Buches bei seinen Lesern beträchtlich mehr mathematische Kenntnisse als bisher voraussetzen dürfte, dann würde er die Zuordnung der Elemente L_∞ und λ_∞ noch genauer präzisieren und dadurch schärfer umschreiben können, und er könnte das Auftreten einer geheimnisvollen Kugel, der sogenannten „absoluten" oder „isotropen" Kugel von R_4 erklären; dies alles muß aber hier unterbleiben, was schade ist, weil es das Studium des Senkrechtstehens vereinfacht und die Einsicht in das Wesen der Geometrie ungemein vertieft und klärt; wir müssen uns aber bewußt bleiben, daß wir mit den Kenntnissen, die wir voraussetzen dürfen, nur einen mehr oder minder oberflächlichen Blick auf die Geometrie werfen können, und daß ihr tieferes Wesen nur dann bloßgelegt werden kann, wenn man ganz anders ausgerüstet zu Felde zieht.

Wir wollen einen Punkt L_∞ und eine Ebene λ_∞, die einander auf die oben angegebene Weise zugeordnet sind, „einander senkrecht zugeordnet" nennen; jeder Punkt von λ_∞ ist dann ebenfalls senkrecht dem L_∞ zugeordnet, da jede Gerade durch diesen Punkt senkrecht auf jeder Gerade durch L_∞ steht; und jede Gerade von λ_∞ ist ebenfalls dem L_∞ senkrecht zugeordnet, da jede Ebene durch diese Gerade senkrecht auf jeder Gerade durch L_∞ steht.

Aber denken wir uns nun ferner einmal eine willkürliche Ebene μ mit ihrer unendlich fernen Gerade m_∞; diese braucht natürlich nicht den Punkt L_∞ zu enthalten, und in diesem Falle wird die Ebene μ in bezug auf einen R_3 durch λ_∞ willkürlich liegen; aber wie nun, wenn m_∞ den Punkt L_∞ enthält? Dann gibt es in der Ebene μ eine Schar paralleler Geraden (nämlich die durch L_∞), die senkrecht auf R_3 stehen, während die andern

Geraden von μ, deren unendlich ferne Punkte, obgleich sie auf m_∞ liegen, nicht in L_∞ sind, nicht senkrecht auf R_3 stehen; μ steht also nicht „vollkommen" oder „absolut" normal auf R_3 in dem Sinne, den wir früher diesem Worte gegeben haben, denn dann müßte jede Gerade von μ senkrecht auf R_3 stehen; wir werden also sagen, daß μ „teilweise" senkrecht auf R_3 steht und werden, wie früher von einem „Grad des Parallelismus", so jetzt von einem *Grad des Senkrechtstehens* sprechen, und werden diesen Grad in unserm gegenwärtigen Beispiel folgendermaßen bestimmen. Dem Raume mit der größeren Dimensionszahl, also hier dem R_3, wird eine Gerade senkrecht zugeordnet, deren unendlich ferne Figur den Punktwert 1 besitzt; der andere Raum dagegen, also in unserem Falle die Ebene, hat eine unendlich ferne Figur vom Punktwert 2, und die die erste Figur (vom Punktwert 1) enthält; wir definieren nun den Grad des Senkrechtstehens als den Quotienten der Zahlen 1 und 2 und nennen also die Ebene und den R_3 halb senkrecht und sehen dann zugleich ein, daß in R_4 eine Ebene und ein R_3 höchstens halb senkrecht aufeinander stehen können. (Erst in R_5 können sie absolut normal werden, denn da ist der unendlich fernen Ebene von R_3 eine Gerade senkrecht zugeordnet, und wenn diese nun gerade die unendlich ferne Gerade der Ebene ist, dann ist die Ebene absolut normal auf R_3.)

Sind die beiden Räume, über deren Senkrechtstehen man urteilen will, von der gleichen Dimension, dann ist es natürlich gleichgültig, von welchem der beiden man ausgeht. Nehmen wir z. B. zwei R_3's. Der unendlich fernen Ebene des einen ist ein unendlich ferner Punkt senkrecht zugeordnet, und dieser kann in der unendlich fernen Ebene des anderen liegen oder auch nicht; im ersten Falle werden wir sagen, daß die beiden R_3's $1/3$ senkrecht sind (weil nämlich eine Ebene den Punktwert 3 hat), und wir entdecken dann zugleich, daß in R_4 zwei R_3's höchstens $1/3$ senkrecht sein können.

Nach unsern verhältnismäßig ausführlichen Betrachtungen über absolut normale Ebenen (vgl. Abschnitt 13 S. 48) wird der

15. Teilweise senkrechte Räume. Der Grad des Senkrechtstehens

Leser unmittelbar einsehen, daß einer unendlich fernen Gerade von R_4 eine unendlich ferne Gerade senkrecht zugeordnet ist, und daß zwei solche zugeordnete Geraden einander kreuzen; hätten sie nämlich einen Punkt gemein, dann wären offenbar in jeder Ebene Geraden möglich, die senkrecht zu sich selbst sind.

Zwei Ebenen können manchmal auch nur halb senkrecht aufeinander stehen (s. Abschn. 13 S. 50). Denken wir uns nämlich einmal eine Ebene μ mit der unendlich fernen Gerade m_∞, und die ihr senkrecht zugeordnete m_∞^*. Enthält nun die unendlich ferne Gerade n_∞ einer Ebene ν einen Punkt von m_∞^*, dann werden wir die Ebenen μ und ν halb senkrecht nennen, weil das, was senkrecht zu μ zugeordnet ist und zugleich zu ν gehört, den Punktwert 1 und das Unendliche von ν den Punktwert 2 besitzt. In der Ebene ν liegt dann eine Schar paralleler Geraden, die senkrecht auf μ stehen, und umgekehrt natürlich; denn wenn eine Ebene ν halb senkrecht auf μ steht, dann versteht es sich wohl von selbst, daß auch μ halb senkrecht auf ν steht und daß also die Gerade n_∞^*, die der unendlich fernen Gerade n_∞ von ν senkrecht zugeordnet ist, einen Punkt von m_∞ enthalten muß.

Zwei halb senkrechte Ebenen haben, ebenso wie zwei willkürliche Ebenen, einen Punkt gemein; doch nun kann offenbar das Folgende geschehen. Die Gerade n_∞ von ν, die einen Punkt mit m_∞^* (s. oben) gemeinsam hat, kann sehr wohl überdies noch einen Punkt mit m_∞ selbst gemeinsam haben, in welchem Falle die beiden Ebenen offenbar zugleich halb parallel und halb senkrecht sind, und im Endlichen keinen Punkt gemein haben. Haben sie aber überdies einen endlichen Punkt gemein, dann haben sie auch die Verbindungslinie dieses endlichen Punktes mit dem Schnittpunkt von m_∞ und n_∞ gemein, und liegen daher in einem R_3; in diesem Falle nennen wir sie stereometrisch senkrecht.

16. Winkel zwischen Gerade und Raum. Winkel zwischen Ebene und Raum.

Betrachtungen über das Senkrechtstehen führen wie von selbst zum Studium der Winkel, und so wollen wir also diese neuen Untersuchungen mit dem Beantworten der Frage beginnen: was hat man unter dem Winkel (Neigungswinkel) zwischen einer Gerade und einem R_3 zu verstehen?

Alle Senkrechten, gefällt von den Punkten der Gerade l auf den Raum R_3, sind auf Grund des Anfangs des vorhergehenden Abschnittes untereinander parallel; sie liegen also in einer Ebene, und diese Ebene steht halb senkrecht auf R_3 (siehe den vorhergehenden Abschnitt). Wir wollen sie die projizierende Ebene von l nennen; sie schneidet R_3 längs einer Gerade l' (nach der Formel $d = d_1 + d_2 - d_{12}$, die hier zu $4 = 3 + 2 - 1$ wird), die durch den Punkt geht, den l und R_3 nach derselben Formel miteinander gemeinsam haben müssen und die die Projektion von l auf R_3 genannt wird. Und der Winkel, gebildet von der Gerade l und ihrer Projektion l', heißt der Winkel, den l und R_3 einschließen. Es läßt sich leicht beweisen, daß dieser Winkel kleiner ist als jeder andere Winkel, den die Gerade l mit irgendeiner anderen Gerade von R_3 einschließt, die durch ihren Schnittpunkt S mit l geht (und also mit jeder Gerade von R_3).

Es sei nämlich (Fig. 4) m eine solche Gerade. Die Senkrechte

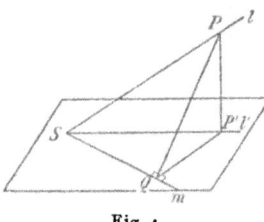

Fig. 4

PP', von P auf R_3 gefällt, die nach dem obenstehenden einen Punkt P' von l' liefert, steht senkrecht auf *allen* Geraden von R_3, also nicht nur auf l', sondern auch auf m, also auf der Ebene $l'm$, so daß die Ebenen $l'l$ und $l'm$, die die Gerade l' gemeinsam haben und also in einem R_3 liegen, stereometrisch normal sind. Ist also $P'Q$ die Senkrechte aus P' auf m, dann sind $PP'S$ und PQS zwei rechtwinklige Dreiecke, die die Hypotenuse PS gemeinsam haben, während die Kathete PQ des einen größer ist als die Kathete PP' des anderen, weil nämlich PQ selbst

16. Winkel zwischen Gerade und Raum. Winkel zwischen Ebene usw. 61

wieder die Hypotenuse des rechtwinkligen Dreiecks $PP'Q$ ist; daraus folgt, daß ∢ PSQ größer ist als ∢ PSP' und also, *daß der eingangs definierte Winkel zwischen einer Gerade und einem R_3 der kleinste ist, den die Gerade mit irgendeiner Gerade dieses R_3 einschließen kann*. Zugleich wollen wir noch einmal ausdrücklich wiederholen, daß dieser Winkel in einer auf R_3 halb senkrechten Ebene gelegen ist.

Gehen wir nun zu einer Ebene α und einem R_3 über. Wir wissen, daß alle Senkrechten auf R_3 untereinander parallel sind und also durch denselben unendlich fernen Punkt L_∞ gehen; dieser Punkt bestimmt mit α einen neuen R_3, sagen wir R_3', den projizierenden Raum von α; und dieser R_3' schneidet R_3 in einer Ebene α' ($d = d_1 + d_2 - d_{12}$, $4 = 3 + 3 - 2$), die natürlich die Schnittlinie s ($4 = 3 + 2 - 1$) von α und R_3 enthält und offenbar die Projektion von α auf R_3 genannt werden kann, weil sie der geometrische Ort der Fußpunkte der Senkrechten ist, die von den Punkten der Ebene α auf R_3 gefällt werden, sodaß wir nebenbei festhalten können, daß *die Projektion einer Ebene auf einen R_3 im allgemeinen eine Ebene ist*. Denken wir uns nun in einem Punkt S von s, und in dem R_3, der durch α und α' bestimmt wird, also in R_3', eine Ebene senkrecht zu s gelegt und in ihr den Winkel φ zwischen α und α' gemessen, dann liegt es nahe, diesen Winkel φ als den Winkel zwischen der Ebene α und dem R_3-Raume zu definieren; ebenso nämlich, wie der Winkel zwischen einer Gerade und R_3 der Winkel zwischen der Gerade und ihrer Projektion auf R_3 ist, ist der Winkel zwischen einer Ebene und einem R_3 der Winkel zwischen der Ebene und ihrer Projektion auf R_3.

Es besteht noch mehr Übereinstimmung. Der Winkel zwischen einer Gerade und einem R_3 liegt in einer Ebene, die halb senkrecht auf R_3 steht; nun, der Winkel zwischen einer Ebene und einem R_3 liegt in einer Ebene, die halb senkrecht sowohl auf der gegebenen Ebene als auf dem R_3 steht.

Daß die Ebene von φ halb senkrecht auf α steht, braucht, scheint uns, kaum bewiesen zu werden; sie steht ja stereometrisch senkrecht auf α; sie steht aber zugleich halb senkrecht auf R_3. Denken wir uns nämlich einmal durch S und in α die Gerade $l \perp s$ gezogen, dann wissen wir, daß dies der eine Schenkel des Winkels φ ist. Fällen wir nun von den Punkten von l die Senkrechten auf R_3, so sind sie zugleich die Senkrechten auf α', da α' eine Ebene von R_3 ist; die Ebene aller dieser Senkrechten enthält den Punkt L_∞ und ist also einerseits halb senkrecht auf R_3, und andererseits offenbar identisch mit der Ebene von φ, was zu beweisen war. Zugleich bemerken wir, daß die beiden Schenkel von φ die Projektionen voneinander sind, der eine, l', die Projektion von l auf α' oder R_3, der andere, l, die Projektion von l' auf α.

Haben wir bisher nur auf die **Übereinstimmung** beim Winkel zwischen Gerade und Raum und beim Winkel zwischen Ebene und Raum hingewiesen, so müssen wir doch auch den Unterschied angeben. Der Winkel zwischen Gerade und Raum ist ein Minimum; es ist der kleinste Winkel, den die Gerade mit irgendeiner Gerade des Raumes einschließen kann. Der Winkel zwischen Ebene und Raum ist natürlich kein Minimum; denn da die Schnittlinie s der Ebene und des Raumes in beiden zugleich liegt, so ist der kleinste Winkel, den eine Gerade der Ebene mit einer Gerade des Raumes einschließen kann, der Winkel, den s mit sich selbst einschließt, also Null. Man kann auch nicht sagen, daß φ ein Maximum ist, denn der Winkel z. B., den l oder l' mit s einschließt, ist ein rechter und daher größer als φ, den wir ja immer als spitz annehmen können; was man sagen kann ist dies, daß φ sowohl ein **relatives** Minimum als ein **relatives** Maximum ist, wie wir auch mit Rücksicht auf das Folgende ausdrücklich zeigen wollen.

Daß φ ein relatives Minimum ist, folgt unmittelbar aus Fig. 4, wenn wir annehmen, daß l der Schenkel von φ ist, der in α, l' derjenige, der in R_3 gelegen ist; ersetzt man nämlich l' durch eine beliebige andere Gerade m von R_3, dann folgt auf eine Weise, die eine wörtliche Wiederholung des bei der Figur gegebenen Beweises ist, daß $\sphericalangle\, lm > \sphericalangle\, ll'$ ist.

Daß φ aber zugleich ein relatives Maximum ist, kann auch

16. Winkel zwischen Gerade und Raum. Winkel zwischen Ebene usw. 63

mit Hilfe von Figur 4 gezeigt werden; wir behaupten nämlich, daß φ ein Maximum ist in dem Sinne, daß es der größte Winkel ist, den eine Gerade von a mit ihrer Projektion auf R_3 einschließen kann. Die Projektion einer Gerade von a auf R_3 liegt natürlich in a', weil a' die Projektion von a ist; es sei nun l in Figur 4 eine willkürliche Gerade von a, l' ihre Projektion auf R_3, so daß die Ebene ll' zwar halb senkrecht auf R_3 steht, aber nicht auf a. Wir wollen nun l' auf a zurückprojizieren; dann finden wir eine Gerade l^*, die nun nicht mit l zusammenfällt, da die zu a senkrechte Ebene durch l' nicht mit der Ebene ll' zusammenfällt. Wir haben nun ein rechtwinkliges Dreikant, von den Geraden l, l^*, l' gebildet, wobei der rechte Winkel an der Kante l^* vorkommt; d. h. wir haben ein Dreikant in der Art von Figur 4 nur mit dem Unterschied, daß die Kante des rechten Winkels nicht l', sondern l^* ist; aus demselben Grunde also, warum in Figur 4 $\sphericalangle lm > \sphericalangle ll'$ ist, ist in unserer neuen Figur, die wir uns vorstellen, $\sphericalangle l'l > \sphericalangle l'l^*$, oder sagen wir lieber $\sphericalangle l'l^* < \sphericalangle l'l$. Projizieren wir nun l^* wieder zurück auf R_3 (oder a', was dasselbe ist), in $l^{*'}$, dann lehrt dieselbe Überlegung, daß $\sphericalangle l^*l^{*'} < \sphericalangle l^*l'$ ist usw., also: projizieren wir eine willkürliche Gerade l von a auf a' (in l'), dann l' wieder auf a (in l^*), dann l^* wieder auf a' (in $l^{*'}$) usw., dann werden die Winkel zwischen je zwei aufeinander folgenden Geraden immer kleiner. Gehen wir also den umgekehrten Weg, d. h. suchen wir zu einer Gerade $l^{*'}$ von a' die Gerade l^* von a, deren Projektion $l^{*'}$ ist, dann zu l^* die Gerade l' von a', deren Projektion auf a l^* ist, dann werden die Winkel zwischen zwei aufeinander folgenden Geraden immer größer; sie können aber nicht bis zum größten Winkel, der besteht, nämlich 90° anwachsen, weil in keiner der beiden Ebenen eine Gerade möglich ist, die senkrecht auf der anderen steht, also müssen sie sich einer Maximalgröße nähern, und nun behaupten wir, daß der Maximalwinkel unser Winkel φ ist, der sich von allen anderen dadurch unterscheidet, daß seine Ebene sowohl auf a als auch auf a' senkrecht steht, besser gesagt, halb senkrecht sowohl auf a als auch auf R_3 ist. In der Tat, suchen wir die Gerade, deren Projektion l' ist, so finden wir l, und suchen wir die Gerade, deren Projektion l ist, so finden wir l'; der Prozeß des immer Größer-Werdens der Winkel nimmt also hier ein Ende, also ist $\sphericalangle\, ll'$ das Maximum.

Wir können nun zusammenfassend sagen: *der Winkel zwischen Ebene und Raum ist der Winkel, der von der Ebene und ihrer Projektion auf den Raum gebildet wird* (wobei die Projektion auch eine Ebene ist). *Der Winkel liegt in einer Ebene, die halb senkrecht sowohl auf der gegebenen Ebene als auf dem gegebenen Raume steht, und ist ein relatives Maximum in dem Sinne, daß er der größte Winkel ist, den eine Gerade der Ebene mit ihrer Projektion auf den Raum einschließen kann.*

Der Winkel ist aber nicht umgekehrt der größte Winkel, den eine Gerade aus R_3 mit ihrer Projektion auf α einschließen kann; denn bringt man in einem Punkte S von s die zu α absolut normale Ebene an, dann schneidet sie R_3 in einer Gerade $n \perp \alpha$, die also mit jeder Gerade von α, die durch ihren Fußpunkt S gezogen wird, einen rechten Winkel einschließt; solch eine Gerade kann immer als die Projektion von n auf α angesehen werden, da doch von allen endlichen Punkten von n die Projektion mit S zusammenfällt, aber die Projektion des unendlich fernen Punktes von n ganz unbestimmt ist.

Die vorangehenden Betrachtungen haben deutlich gezeigt, daß das Hauptmerkmal eines Winkels nicht so sehr in den Maximum- oder Minimumeigenschaften zu suchen ist, als in dem Umstand, daß seine Ebene die beiden Gebilde, deren Neigungswinkel gesucht wird, halb senkrecht schneidet; wenn wir daran festhalten, so finden wir nun zum Schluß bequem den Winkel zwischen zwei dreidimensionalen Räumen $R_3{}^1$ und $R_3{}^2$. Diese haben eine Ebene σ gemeinsam $(4 = 3 + 3 - 2)$, und wenn wir nun in einem willkürlichen Punkt S von σ die Ebene ν absolut $\perp \sigma$ anbringen, dann läßt sich leicht zeigen, daß ν eine Ebene ist, welche die beiden gegebenen Räume halb senkrecht schneidet. Man kann nämlich in S eine Senkrechte n_1 auf $R_3{}^1$ errichten, und ebenso eine Senkrechte n_2 auf $R_3{}^2$; n_1 steht senkrecht auf $R_3{}^1$, d. h. auf

17. Über die Anzahl der Neigungswinkel zweier Räume. Die beiden usw. 65

allen Geraden von $R_3{}^1$, also sicher auch auf σ, das ja in $R_3{}^1$ liegt, also ist n_1 eine Gerade von v, und dasselbe gilt von n_2. Die Geraden n_1, n_2 gehen aber nach den unendlich fernen Punkten $L_{1\infty}$, $L_{2\infty}$, die $R_3{}^1$ und $R_3{}^2$ senkrecht zugeordnet sind, also enthält v auch diese Punkte und steht also halb senkrecht auf $R_3{}^1$ und $R_3{}^2$. Eine Ebene und ein R_3 in R_4 haben stets eine Gerade gemein (4 = 2 + 3 — 1), also wird v unsere zwei gegebenen Räume in zwei Geraden l_1, l_2 (die, nebenbei gesagt, bzw. senkrecht auf n_1 und n_2 stehen) halb senkrecht schneiden. *Und nun definieren wir den Winkel φ, der von den Geraden l_1, l_2 eingeschlossen wird, als den Neigungswinkel der beiden Räume.* Er zeigt dieselben Minimum- und Maximumeigenschaften wie der Winkel zwischen Ebene und Raum, was auf dieselbe Weise wie oben gezeigt werden kann.

17. Über die Anzahl der Neigungswinkel zweier Räume. Die beiden Neigungswinkel zweier Ebenen.

Da ein Neigungswinkel ein Winkel ist, der in einer Ebene liegt, die zwei gegebene Räume halb senkrecht schneidet, so ist die Möglichkeit nicht ausgeschlossen, Fälle festzustellen, wo wir mehr als einen Neigungswinkel finden; dies wird dann der Fall sein, sobald wir Räume angeben können, die durch mehr als eine Ebene (besser natürlich durch mehr als ein System paralleler Ebenen) halb senkrecht geschnitten werden. Wo wir also im vorangehenden Abschnitt stets nur von einem Neigungswinkel gesprochen haben, müssen unsere Betrachtungen notwendig durch den Beweis ergänzt werden, daß in jedem der behandelten Fälle tatsächlich nur eine halb senkrecht schneidende Ebene möglich war. Das geht wieder am einfachsten durch Betrachtung der unendlich fernen Elemente. Der Fall Gerade—Raum ist unmittelbar erledigt: dem R_3 ist nur ein unendlich ferner Punkt S_∞ senkrecht zugeordnet, und die Ebene durch diesen Punkt und die gegebene Gerade ist die einzige, die R_3 halb senkrecht schneidet, während dieser Begriff bei der Gerade selbst keinen Sinn hat.

Im Falle Ebene—Raum muß die Ebene des Neigungswinkels sowohl die Ebene a als auch R_3 halb senkrecht schneiden; nun ist dem R_3 ein Punkt L_∞ senkrecht zugeordnet, und da eine Ebene und ein R_3 stets eine Gerade gemeinsam haben ($4 = 2 + 3 - 1$), so wird jede Ebene durch L_∞ den R_3 von selbst halb senkrecht schneiden. Nicht so von selbst aber geht es bei der Ebene a. Zwei Ebenen in R_4 brauchen ja nicht mehr als einen Punkt gemeinsam zu haben ($4 = 2 + 2 - 0$); sollen sie also eine Gerade gemeinsam haben, dann müssen sie in einem R_3 liegen. Dann müssen aber auch ihre unendlich fernen Geraden beide in der unendlich fernen Ebene des R_3 liegen und daher einen Punkt gemein haben; nennen wir also die Ebene, in der der Neigungswinkel liegt, σ, und die unendlich fernen Geraden von a und σ a_∞ und s_∞, dann müssen a_∞ und s_∞ einander schneiden. a_∞ ist eine andere Gerade a^*_∞ (Abschn. 15, S. 58) senkrecht zugeordnet, und wenn nun σ die Ebene a halb senkrecht schneiden soll, dann muß s_∞ auch einen Punkt von a_∞ enthalten; s_∞ muß also durch L_∞ gehen und die beiden sich kreuzenden Geraden a_∞ a^*_∞ schneiden, was nur durch eine Gerade s_∞ geschehen kann, nämlich durch die Schnittlinie der beiden Ebenen $L_\infty a_\infty$, $L_\infty a^*_\infty$; eine Ebene und ein R_3 haben also nur einen Neigungswinkel. Was endlich zwei R_3's betrifft, so ist jedem der beiden ein unendlich ferner Punkt senkrecht zugeordnet, und nur die Ebenen durch die Verbindungsgerade dieser Punkte (die alle parallel sind) sind Ebenen, in denen ein Neigungswinkel vorkommt; auch hier gibt es also nur einen Neigungswinkel.

Es wäre ein großer Irrtum zu glauben, daß der Fall eines Neigungswinkels der allgemeine, der Fall mehrerer Neigungswinkel die Ausnahme wäre; gerade das Umgekehrte ist wahr, denn man kann beweisen, daß zwei Räume Rd_1, Rd_2 ($d_1 \leq d_2$), die nicht mehr als einen Punkt gemein haben, gerade d_1 Neigungswinkel haben, deren Ebenen paarweise absolut normal aufeinander stehen. Unserm Vorsatz getreu, uns zu beschränken und nur im Notfalle R_4 zu verlassen, lassen wir diesen allgemeinen Satz beiseite und wollen nicht versuchen, ihn zu beweisen; er muß aber erwähnt werden, um beim Leser keine falsche Vorstellung der wirklichen Tatsachen hervorzurufen, und kann als warnendes Beispiel gegen die Gefahr dienen, die darin liegen kann, daß man zu sehr bei den Grundlagen stehen bleibt; es ist tatsächlich keine eitle Phrase daß man, um einfache Dinge wirklich gut zu unterrichten, selbst sehr viel mehr als diese einfachen Dinge wissen muß; mögen Lehrer dies immer vor Augen behalten!

Nach dem soeben genannten allgemeinen Satz besitzt eine Ebene und ein R_3 zwei, zwei R_3's sogar drei Neigungswinkel, was nicht mit den Resultaten, die wir oben gefunden haben, übereinstimmt; aber der allgemeine Satz spricht auch von zwei Räumen, die nicht mehr als einen Punkt gemein haben, und dieser Bedingung können eine Ebene und ein R_3 oder zwei R_3's in R_4 nicht entsprechen; haben die beiden Räume mehr als einen Punkt gemein, dann gehen Neigungswinkel verloren, im Falle Ebene—Raum einer, im Falle zweier R_3's sogar zwei; wir wollen suchen, wo diese geblieben sind, doch ist es hierzu zweckmäßig, erst den Fall zu behandeln, den wir ausgelassen haben, nämlich die Neigungswinkel zweier Ebenen, und hier wird es sich zeigen, daß wir zwei finden.

Es seien zwei Ebenen α und β gegeben, die nur den Punkt O gemein haben; ihre unendlich fernen Geraden nennen wir a_∞, b_∞ und die diesen senkrecht zugeordneten a_∞^*, b_∞^*; da die Ebenen selbst so unabhängig als nur möglich sind, haben auch die vier Geraden a_∞, b_∞, a_∞^*, b_∞^* die allgemeinste Lage, d. h. sie kreuzen einander. Eine Ebene σ, die einen Neigungswinkel enthält, muß beide Ebenen halb senkrecht schneiden; nach dem, was zu Beginn dieses Abschnittes darüber mitgeteilt wurde, bedeutet das, daß die unendlich ferne Gerade s_∞ von σ, die vier unendlich fernen Geraden a_∞, b_∞, a_∞^*, b_∞^* schneidet; die Frage läßt sich also einfach darauf zurückführen: wieviel Transversalen besitzen vier einander kreuzende Geraden? Diese Frage ist erst vor hundert Jahren befriedigend gelöst worden und hat damals die Aufmerksamkeit selbst der größten Mathematiker auf sich gelenkt. Aufgeworfen durch den bekannten Mathematiker GERGONNE im XVII. Bande seiner „Annales de Mathématiques", p. 83, fand sie allerlei Antworten, unter denen aber die natürlichste und im Grunde einfachste die des großen JAKOB STEINER war (1796—1863), der das von DESARGUES (1593—1662), PONCELET (1788—1868) und MÖBIUS (1790—1868) Begonnene fortgesetzt und vollendet hat und der eigentlich die projektive Geometrie begründet hat.

Wer mit den Eigenschaften eines einschaligen Hyperboloids vertraut ist, für den ist die Antwort sehr einfach: drei von den vier Geraden bestimmen die eine Regelschar eines einschaligen Hyperboloids, und dieses wird von der vierten Gerade in zwei Punkten geschnitten; also gibt es zwei Geraden der anderen Regelschar, die die vier gegebenen Geraden schneiden. Die Antwort lautet also: *es gibt zwei Geraden, die vier gegebene einander kreuzende Geraden schneiden.* Wer mit den Eigenschaften dieser allerwichtigsten Fläche zweiten Grades nicht vertraut ist, für den möge das Vorhergehende ein Beweis sein, daß sein Wissen in dieser Hinsicht dringend einer Ergänzung bedarf; das Bestehen zweier Neigungswinkel bei zwei Ebenen in R_4 werden wir aber auch ohne Hilfe des hier ausgesprochenen Satzes beweisen können und damit also umgekehrt und auf einem Umweg einen Beweis für den Satz finden.

Die beiden Ebenen α und β haben nach Voraussetzung nur den Punkt O gemein; eine Gerade a von α durch O und eine Gerade b von β durch O können also niemals zusammenfallen, woraus folgt, daß es für den Winkel ab einen kleinsten Wert, ein absolutes Minimum geben muß; wir beweisen nun, daß von den beiden Schenkeln a und b dieses kleinsten Winkels φ jeder die Projektion des andern ist, sodaß die Ebene von φ die beiden gegebenen Ebenen halb senkrecht schneidet. Dies wird wieder mit Hilfe von Fig. 4 (S. 60) gezeigt. Es sei $\sphericalangle lm$ der Minimalwinkel φ, aber die Projektion von l auf die Ebene β sei nicht m, sondern l'; dann folgt unmittelbar aus der zu der Figur gehörigen Überlegung, daß $\sphericalangle ll'$ kleiner als $\sphericalangle lm$ und daher $\sphericalangle lm$ kein Minimum ist; der Minimalwinkel muß also tatsächlich die Eigen-

17. Über die Anzahl der Neigungswinkel zweier Räume. Die beiden usw. 69

schaft haben, daß jeder Schenkel die Projektion des andern ist und umgekehrt. Ist dies aber so, dann enthält die Ebene ab sowohl ein System senkrechter Geraden auf α als auch auf β, und steht also auf beiden stereometrisch senkrecht, d. h. es schneidet beide halb senkrecht, sodaß seine unendlich ferne Gerade tatsächlich eine Transversale von a_∞, b_∞, a_∞^*, b_∞^* ist.

Es werde nun ferner (Fig. 5) in α die Senkrechte OA_2 auf OA_1, und in β die Senkrechte OB_2 auf OB_1 errichtet; wir beweisen, daß die Ebene OA_2B_2 die beiden Ebenen α, β halb senkrecht schneidet und daher auch $\sphericalangle A_2OB_2 = \psi$ ein Neigungswinkel ist, während wir zugleich zeigen, daß die Ebenen der Winkel φ und ψ absolut normal aufeinander stehen. Das geht folgendermaßen:

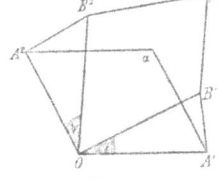

Fig. 5

Die Ebenen α und φ sind stereometrisch senkrecht; OA_2 ist die Senkrechte in α auf OA_1, also nach einem bekannten Satz der Stereometrie auch die Senkrechte in O auf die Ebene φ und daher $\sphericalangle A_2OB_1 = 90°$. Ebenso zeigt man, daß OB_2 nicht nur $\perp OB_1$, sondern auch $\perp OA_1$ ist, und daraus folgt sogleich, daß *die Ebenen φ und ψ absolut normal sind;* aus $OA_2 \perp OA_1$ und OB_1 folgt ja, daß OA_2 senkrecht auf allen Geraden der Ebene φ steht, sodaß umgekehrt alle Geraden der Ebene φ senkrecht auf OA_2 stehen. Aber auf dieselbe Weise zeigen wir, daß alle Geraden der Ebene φ senkrecht auf OB_2 stehen; also stehen alle Geraden der Ebene φ senkrecht auf allen Geraden der Ebene ψ (und umgekehrt) und sind daher φ und ψ absolut normal.

Und endlich: Stehen alle Geraden von ψ senkrecht auf OA_1, dann ist die Ebene ψ stereometrisch senkrecht auf α; und stehen alle Geraden von ψ senkrecht auf OB_1, so ist die Ebene ψ stereometrisch senkrecht auf β; die Ebene ψ schneidet also α und β halb senkrecht, ebenso wie φ dies tut; auch $\sphericalangle \psi$ muß also ein Neigungswinkel von α und β genannt werden und die unendlich ferne Gerade der Ebene ψ ist eine zweite Transversale von a_∞, a_∞^*, b_∞, b_∞^*.

18. Fortsetzung über Neigungswinkel zweier Ebenen.

Wir fanden im vorigen Abschnitt für zwei Ebenen α und β zwei Neigungswinkel, φ und ψ, deren Ebenen absolut normal aufeinander stehen; aus diesem Resultat folgt schon sofort, daß die Wahrscheinlichkeit für mehr als zwei Neigungswinkel, wenn auch nicht ganz ausgeschlossen, so doch sicher durch die vorangehende Untersuchung besonders klein geworden ist; da nämlich in R_4 in einem Punkte O einer Ebene φ nicht mehr als eine Ebene ψ absolut normal auf φ stehen kann, würde eine dritte Ebene, die einen Neigungswinkel enthält, nicht mehr absolut normal auf φ und ψ stehen können, und dies ist unwahrscheinlich. Um die Unmöglichkeit eines dritten Neigungswinkels zu zeigen und zugleich noch etwas über die Art des zweiten, ψ, mitteilen zu können, ergänzen wir Fig. 5 zu Fig. 6.

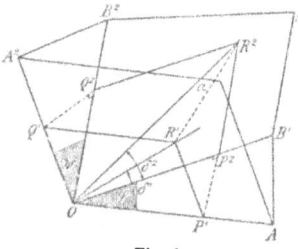

Fig. 6

Wir zeichnen in α ein willkürliches Rechteck $O P_1 Q_1 R_1$, und projizieren dieses auf β, indem wir von den Punkten P_1, Q_1, R_1 Senkrechten auf β fällen, die nach den früheren Betrachtungen vollständig bestimmt sind, weil die Senkrechte von R_1 auf β z. B. in dem R_3 liegen muß, der durch R_1 und β bestimmt wird. Da die Senkrechten von P_1 und Q_1 aus wieder in anderen R_3's liegen, so werden die Senkrechten von P_1, Q_1 und R_1 nicht untereinander parallel sein, aber die Projektionen von parallelen Geraden sind untereinander doch parallel (weil sie denselben unendlich fernen Punkt besitzen, nämlich die Projektion des unendlich fernen Punktes der zu projizierenden Gerade selbst), und die Folge davon ist, daß $P_2 R_2 // O Q_2$, $Q_2 R_2 // O P_2$, und daher auch $O P_2 Q_2 R_2$ ein Rechteck ist ($\sphericalangle B_1 O B_2$ ist nämlich ein rechter, siehe oben); daß nämlich P_2, die Projektion von P_1, auf $O B_1$, und ebenso Q_2 auf $O B_2$ liegen muß, folgt aus der Tatsache, daß die Ebenen von φ und ψ auf β stereometrisch senkrecht stehen.

18. Fortsetzung über Neigungswinkel zweier Ebenen

Über die gegenseitigen Beziehungen der beiden Rechtecke OR_1 und OR_2 läßt sich folgendes sagen. OP_2 ist die Projektion von OP_1, daher ist:

$$OP_2 = OP_1 \cdot \cos \varphi, \text{ und ebenso:}$$
$$OQ_2 = OQ_1 \cdot \cos \psi, \text{ und daher:}$$

$$\frac{OQ_2}{OP_2} = \frac{P_2 R_2}{OP_2} = \operatorname{tg} \delta_2 = \frac{OQ_1}{OP_1} \cdot \frac{\cos \psi}{\cos \varphi} = \operatorname{tg} \delta_1 \frac{\cos \psi}{\cos \varphi},$$

daher: $\operatorname{tg} \delta_2 = \operatorname{tg} \delta_1 \cdot \frac{\cos \psi}{\cos \varphi}.$

Da aber φ der absolut kleinste Winkel ist, den irgendeine Gerade von α mit irgendeiner Gerade von β einschließen kann, so ist $\psi > \varphi$, und daher $\cos \psi < \cos \varphi$, und daher:

$$\delta_2 < \delta_1.$$

Legen wir also die beiden Rechtecke aufeinander, wie dies in Fig. 7 geschehen ist, dann kommt die Diagonale OR_2 unter OR_1 zu liegen. Wenn wir nun das Rechteck $OP_2 Q_2 R_2$ wieder zurückprojizieren auf α, so wird OP_3, die Projektion von OP_2:

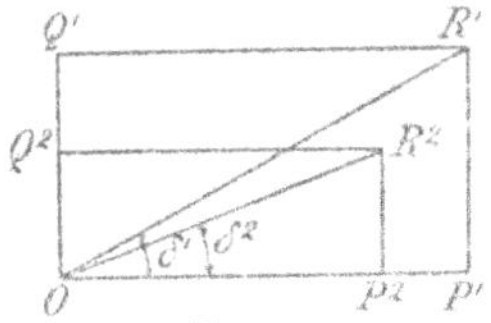

$$OP_3 = OP_2 \cdot \cos \varphi;$$
$$OQ_3 = OQ_2 \cdot \cos \psi;$$

$$\frac{OQ_3}{OP_3} = \operatorname{tg} \delta_3 = \frac{OQ_2}{OP_2} \cdot \frac{\cos \psi}{\cos \varphi} = \operatorname{tg} \delta_2 \cdot \frac{\cos \psi}{\cos \varphi},$$

Fig. 7

und also endlich $\operatorname{tg} \delta_3 = \operatorname{tg} \delta_1 \left(\frac{\cos \psi}{\cos \varphi}\right)^2,$ usw.

Was folgt nun aus dieser Reihe von Formeln? Es folgt daraus daß, wenn OR_2 die Projektion irgendeiner Gerade OR_1 von α auf die Ebene β ist, OR_1 nicht umgekehrt die Projektion von OR_2 sein kann; denn der Winkel δ_3, den diese Projektion mit OA_1 einschließt, wird ja durch die Beziehung gegeben:

$$\operatorname{tg} \delta_3 = \operatorname{tg} \delta_1 \left(\frac{\cos \psi}{\cos \varphi}\right)^2,$$

und ist also sicher $< \delta_1$. Nur in zwei Fällen kann $\delta_3 = \delta_1$ sein, nämlich wenn $\operatorname{tg} \delta_1$ Null oder unendlich ist, denn diese Werte ändern sich nicht, wenn sie mit irgendeiner Zahl multipliziert

I. Euklidische mehrdimensionale Geometrie

werden; tg $\delta_1 = 0$ gibt $\delta_1 = 0$, also die Gerade OA_1, und tg $\delta_1 = \infty$ gibt $\delta_1 = 90^0$, also die Gerade OA_2; *somit ist bewiesen, daß nur zwei Neigungswinkel bestehen, nämlich φ und ψ.*

Die obenstehenden Formeln erlauben uns nun überdies das wahre Wesen von ψ kennenzulernen; φ ist das absolute Minimum; ist ψ dann vielleicht das absolute Maximum, der größte Winkel, den eine Gerade aus α mit einer Gerade aus β einschließen kann? Dies ist nicht so; der absolut größte Winkel existiert zwar, doch ist einfach 90^0; zwei Geraden durch O schließen ja immer zwei spitze und zwei stumpfe Winkel ein, sodaß bei Betrachtungen, wie die vorliegenden, stumpfe Winkel keinen Sinn haben, weil man ebensogut ihre Supplemente nehmen kann; der absolut größte Winkel ist also der rechte. Ist nun OR_1 (Fig. 6) wieder eine willkürliche Gerade von α, dann bilden alle Geraden, die sie in O senkrecht schneiden, einen R_3 (Abschn. 12, S. 45); dieser schneidet β in einer Gerade durch O, und diese schließt mit OR_1 einen rechten Winkel ein; zu jeder Gerade OR_1 von α gehört also eine durch O gehende Gerade von β, die senkrecht auf ihr steht.

Die Bedeutung von ψ ist die folgende. Unter allen Winkeln, bei denen wenigstens der eine Schenkel die Projektion des andern ist, ist ψ der größte (und φ der kleinste); ψ ist also das, was man gewöhnlich ein „relatives Maximum" nennt. Sowohl die hier genannte Eigenschaft von ψ als auch die von φ folgen bequem aus unsern Formeln: Setzen wir die Reihe der Formeln:
$$\operatorname{tg} \delta_2 = \operatorname{tg} \delta_1 \frac{\cos \psi}{\cos \varphi},$$
$$\operatorname{tg} \delta_3 = \operatorname{tg} \delta_2 \frac{\cos \psi}{\cos \varphi} = \operatorname{tg} \delta_1 \left(\frac{\cos \psi}{\cos \varphi}\right)^2,$$
unbegrenzt fort, was offenbar möglich ist, dann werden die Winkel δ immer kleiner, weil der Tangens jedes folgenden Winkels aus dem vorhergehenden durch Multiplikation mit einem Bruch $\frac{\cos \psi}{\cos \varphi} < 1$ gefunden wird; die beiden Geraden OR_1, OR_{i+1} nähern sich also unbegrenzt den Schenkeln von φ, d. h. φ ist für diese Winkel (wie übrigens für alle) das Minimum.

18. Fortsetzung über Neigungswinkel zweier Ebenen

Man kann aber die Formeln ebensogut in umgekehrter Richtung fortsetzen, also z. B. schreiben:

$$\operatorname{tg} \delta_1 = \operatorname{tg} \delta_2 \frac{\cos \varphi}{\cos \psi},$$

$$\operatorname{tg} \delta_0 = \operatorname{tg} \delta_1 \frac{\cos \varphi}{\cos \psi} = \operatorname{tg} \delta_2 \left(\frac{\cos \varphi}{\cos \psi}\right)^2, \quad \text{usw.}$$

Auch jetzt haben wir es immer mit Winkeln zu tun, deren einer Schenkel die Projektion des anderen ist (doch nicht umgekehrt); nun aber nähern sich die beiden Schenkel unbegrenzt denen von ψ, weil die Winkel δ_i immer größer werden; von φ ausgehend, weichen also die Schenkel der Winkel selbst immer mehr auseinander, sodaß ψ tatsächlich das Maximum ist.

Am übersichtlichsten werden unsere Resultate, wenn wir den vorangehenden noch die folgende Betrachtung hinzufügen.

Aus den Formeln $OP_2 = OP_1 \cdot \cos \varphi,$
$OQ_2 = OQ_1 \cdot \cos \psi,$

folgt umgekehrt: $OP_1 = \dfrac{OP_2}{\cos \varphi},$

$OQ_1 = \dfrac{OQ_2}{\cos \psi}.$

Wenn nun OR_1 (Fig. 6) gerade die Länge 1 hat und der Punkt R_1 einen Kreis um O als Mittelpunkt und mit 1 als Radius durchläuft, dann ist

$$OP_1{}^2 + OQ_1{}^2 = OR_1{}^2 = 1,$$

und zwar gleichgültig, wo der Punkt R_1 sich auf dem Kreise befinden mag; also ist auch stets:

$$\frac{OP_2{}^2}{\cos^2 \varphi} + \frac{OQ_2{}^2}{\cos^2 \psi} = 1,$$

woraus folgt daß R_2, die Projektion von R_1, eine Ellipse mit den Halbachsen $\cos \varphi$ und $\cos \psi$ beschreibt, und zwar so, daß $\cos \varphi$ längs OB_1 und $\cos \psi$ längs OB_2 fällt; und da $\cos \varphi > \cos \psi$ ist, so fällt die große Achse längs OB_1 und die kleine längs OB_2; *die Projektion des Kreises in α ist also eine Ellipse in β*, und nun ist es schon ganz einfach zu untersuchen, wie sich der Winkel, der durch OR_1 und seine Projektion OR_2 gebildet wird, bei Bewegung von OR_1 ändert: ausgehend von φ, wird er allmählich größer, bis er den Maximalwert ψ erreicht; dann nimmt er wieder bis φ ab, dann wieder bis ψ zu und schließlich wieder ab bis zu φ.

19. Der Fall zweier gleicher Neigungswinkel und der Fall eines einzigen Neigungswinkels.

Ein höchst interessanter besonderer Fall ergibt sich, wenn wir annehmen, daß der Winkel ψ dem Winkel φ gleich ist; ψ kann nämlich nie kleiner sein als φ, und wird daher in der Regel größer sein; es ist aber denkbar, daß ψ gerade gleich φ ist, und daß dieser Fall wirklich vorkommen kann, werden wir nachträglich bestätigt finden. Wir wollen damit anfangen, die Möglichkeit $\psi = \varphi$ anzunehmen und untersuchen, zu welchen Folgerungen diese Annahme führt.

Unsere Formeln
$$\operatorname{tg} \delta_2 = \operatorname{tg} \delta_1 \frac{\cos \psi}{\cos \varphi} \text{ usw.}$$
geben nun, da $\varphi = \psi$,
$$\delta_2 = \delta_1 \text{ usw., also } \delta_3 = \delta_2 = \delta_1 \text{ usw.,}$$
und das bedeutet daß, wenn wir eine willkürliche Gerade OR_1 von α auf β, und hierauf die Projektion OR_2 wieder zurück auf α projizieren, diese Projektion stets mit OR_1 zusammenfällt, woraus folgt, daß jede Gerade OR_1 und ihre Projektion OR_2 einen Neigungswinkel der beiden Ebenen bestimmen. *Es gibt also in diesem Falle unendlich viele Neigungswinkel, und diese sind alle gleich groß.* Dies letzte folgt unmittelbar aus der Betrachtung des Kreises um O; wird $\varphi = \psi$, dann geht die Gleichung:
$$\frac{OP_2^2}{\cos^2 \varphi} + \frac{OQ_2^2}{\cos^2 \psi} = 1$$
über in:
$$OP_2^2 + OQ_2^2 = \cos^2 \varphi,$$
d. h. *in diesem Falle ist die Projektion unseres Kreises wieder ein Kreis, aber mit dem Radius $\cos \varphi$*, und daraus folgt, daß jeder Radius OR_1 des Kreises in α durch das Projizieren gleich stark verkürzt wird, also daß alle Neigungswinkel gleich groß sind.

19. Der Fall zweier gleicher Neigungswinkel und der Fall eines usw.

Daß der Fall $\varphi = \psi$ tatsächlich vorkommen kann, wird am bequemsten mit Hilfe der unendlich fernen Elemente bewiesen. Wir wissen (siehe Abschn. 17), daß die unendlich ferne Gerade der Ebene, die den Neigungswinkel enthält, nicht nur die unendlich fernen Geraden a_∞, b_∞ von α und β, sondern auch die ihnen senkrecht zugeordneten Geraden a_∞^*, b_∞^* schneiden muß, und durch das Vorhergehende ist indirekt bewiesen, daß es im allgemeinen zwei Geraden gibt, die diesen vier Bedingungen genügen, weil drei von den vier Geraden ein Hyperboloid bestimmen, das durch die vierte in zwei Punkten geschnitten wird. Es ist aber möglich, daß die vierte Gerade auf dem Hyperboloid der drei anderen liegt, und in diesem Falle besitzen die vier Geraden tatsächlich unendlich viele Transversalen, die beiden Ebenen also unendlich viele Neigungswinkel.

Wir gehen nun zu dem Falle über, daß die beiden Ebenen α und β nur einen Neigungswinkel besitzen; dies tritt ein, wenn sie nicht nur einen Punkt, sondern eine ganze Gerade gemeinsam haben, d. h. im selben R_3 liegen. Tatsächlich gibt es in diesem Falle doch noch zwei Neigungswinkel, aber der eine, nämlich φ (Fig. 6), ist Null geworden. Ein Neigungswinkel ist doch an der Eigenschaft zu erkennen, daß jeder der beiden Schenkel die Projektion des anderen ist; bedenkt man nun aber, daß die Schnittlinie s der beiden Ebenen zu der einen wie zu der anderen Ebene gerechnet werden kann, und daß jede dieser zwei zusammenfallenden Geraden wirklich die Projektion der anderen ist, dann ist es deutlich, daß wir es mit dem Fall zu tun haben, daß der Minimalwinkel $\varphi = 0$ geworden ist. Selbst die Ebene von φ, in unserem Fall also die Ebene durch s, die die beiden gegebenen Ebenen halb senkrecht schneidet, ist unzweideutig bestimmt, wie aus dem folgenden zu ersehen ist.

Wenn α und β nicht bloß einen Punkt O, sondern eine Gerade s gemeinsam haben, dann müssen die unendlich fernen Geraden a_∞ b_∞ von α und β einander schneiden; sie liegen ja beide in der unendlich fernen Ebene des R_3, in welchem α und β gelegen sind. Es ist nun leicht einzusehen, daß auch die a_∞, b_∞ senkrecht zugeordneten Geraden a_∞^*, b_∞^* einen Punkt gemein haben müssen; es gibt nämlich eine Schar von Geraden, senkrecht zum R_3 von a und β (Abschn. 13, S. 48), die alle parallel sind und also denselben Punkt L_∞ haben; nun stehen die Geraden durch L_∞ senkrecht auf dem R_3 von a und β, d. h. senkrecht auf *allen* Geraden von R_3, also auch senkrecht sowohl auf a als auch auf β, und daraus folgt, daß L_∞ sowohl auf a_∞^* als auch auf b_∞^* liegen muß.

Wir müssen uns also zwei Geraden a_∞, b_∞, denken, die einander in einem Punkt S_∞ (dem unendlich fernen Punkt von s), und zwei Geraden a_∞^*, b_∞^*, die einander in einem Punkt L_∞ schneiden, und wir suchen die Transversalen dieser vier Geraden. Es wird nicht schwer sein, diese Transversalen zu finden: die eine ist die Gerade $S_\infty L_\infty$, die andere die Schnittlinie der beiden Ebenen $a_\infty b_\infty$, $a_\infty^* b_\infty^*$, denn beide werden durch die vier gegebenen Geraden geschnitten. Nun ist die Ebene durch S_∞, L_∞ und den Punkt O offenbar eine Ebene durch s; es ist die Ebene des Nullwinkels φ und sie ist, wie man sieht, vollkommen bestimmt. Zunächst ist man geneigt, sich mit Verwunderung zu fragen, wie es möglich ist, daß dieselbe Ebene durch s zugleich auf a und β senkrecht steht, aber man darf dabei nicht vergessen, daß diese drei Ebenen nicht im selben R_3, sondern paarweise in drei verschiedenen R_3's liegen; es ist hier ebensowenig Ursache, sich zu wundern, wie in dem Falle, daß dieselbe Gerade auf zwei nicht parallelen Geraden senkrecht steht; auch dies ist nur dann möglich, wenn die drei Geraden nicht in einer Ebene, sondern paarweise in drei verschiedenen Ebenen liegen.

Anders steht es mit der zweiten Ebene des Neigungswinkels, die durch O und die Schnittlinie der beiden Ebenen $a_\infty b_\infty$, $a_\infty^* b_\infty^*$ geht; diese liegt im R_3 von a und β, weil sie mit diesem Raume zwei **verschiedene** Geraden gemeinsam hat, nämlich die Schenkel des Neigungswinkels, während die Ebene des Nullwinkels φ mit dem Raume nichts anderes als die Gerade s gemein hat; dieser zweite Neigungswinkel, ψ, ist der gewöhnliche Neigungswinkel der Stereometrie, den wir tatsächlich als relatives

Maximum kennen gelernt haben, nämlich als den größten Winkel, den eine Gerade in der einen Ebene mit ihrer Projektion auf die andere einschließen kann.

Wir schließen unsere Betrachtungen über Neigungswinkel mit der folgenden Bemerkung. Sollen α und β halb senkrecht sein (Abschn. 15, S. 59), dann muß die unendlich ferne Gerade a_∞ von α die der unendlich fernen Geraden b_∞ von β senkrecht zugeordnete Gerade b_∞^* schneiden, und natürlich auch umgekehrt b_∞ die a_∞ senkrecht zugeordnete a_∞^*. Auch jetzt haben also die Geraden a_∞, b_∞, a_∞^*, b_∞^* zwei Punkte gemein, so wie im Falle $\varphi = 0$, doch nun sind es nicht a_∞, b_∞ und a_∞^*, b_∞^*, sondern a_∞, b_∞^* und a_∞^*, b_∞. Die beiden Transversalen sind natürlich wieder die Verbindungslinie der beiden Schnittpunkte und die Schnittlinie der beiden Ebenen, doch nun liefert die erste, mit O verbunden, keinen Neigungswinkel 0, sondern einen Neigungswinkel von 90°, und dies ist offenbar der Winkel ψ; die andere liefert einen bestimmten Winkel φ. *Bei zwei halb senkrechten Ebenen ist also der Minimalwinkel φ willkürlich, der maximale, ψ, ein rechter.* Wird $\varphi = 0$, dann liegen die Ebenen in einem R_3 und sind also stereometrisch senkrecht; und wird auch $\varphi = 90°$, dann sind die Ebenen absolut senkrecht und ist $a_\infty^* = b_\infty$, $b_\infty^* = a_\infty$.

20. Regelmäßige Polytope.
Das regelmäßige Fünfzell.

Ein wichtiger Teil jedes Lehrbuches der Stereometrie wird durch die Kapitel über polyedrische und insbesondere regelmäßige Körper eingenommen, wobei man unter einem polyedrischen Körper einen endlichen Teil des Raumes zu verstehen hat, der von dem übrigen, unendlichen Teile durch eine Reihe aneinanderschließender ebener Vielecke getrennt ist. Den endlichen Teil des Raumes nennt man das Innere des Körpers, den Rest das Äußere, und diese zwei Gebiete sind durch die Grenzoberfläche vollkommen voneinander getrennt, denn es ist unmöglich, von einem Punkt des einen Gebietes einen Punkt des anderen zu erreichen, ohne irgendwo durch die Grenzoberfläche hindurchzugehen. So ist es, wenn das Weltall ein R_3 ist; aber ist es auch noch so, wenn es ein R_4 ist? Wenn wir eine Ebene, also einen R_2, durch ein Rechteck z. B. in zwei Teile teilen, dann ist es unmöglich, von einem Punkt des Innern aus einen Punkt des Äußern zu erreichen, ohne irgendwo das Rechteck zu schneiden, solange man in R_2 bleibt. Begibt man sich aber in den R_3, so kann man die Seiten des Rechtecks umgehen, und also von dem einen Gebiet der Ebene in das andere gelangen, ohne die Seiten des Rechtecks zu treffen. Es ist deutlich, daß etwas Derartiges bei einem in R_3 gelegenen polyedrischen Körper möglich ist, wenn das Weltall ein R_4 ist. Errichtet man nämlich in einem Punkte O im Innern des Körpers die Senkrechte auf R_3, dann bringt uns bereits die kleinste Verschiebung längs der Senkrechte aus R_3 heraus und daher auch außerhalb des Bereichs des Körpers, und wir können auf allerlei Wegen zu einem anderen Punkt von R_3 kommen, der außerhalb des Körpers gelegen ist; will man also ein endliches Stück von R_4 abgrenzen, so darf man nicht Ebenen gebrauchen (denn diese kann man umgehen), sondern R_3's und, da zwei R_3's in R_4 immer eine Ebene gemeinsam haben, so werden die begrenzenden R_3's polyedrische Körper enthalten, die immer mit einer Seitenfläche aneinanderschließen. Während ein vielflächiger Körper in R_3 *Polyeder* genannt wird, ist durch das schon früher erwähnte Lehrbuch der mehrdimensionalen Geometrie von P. H. SCHOUTE (vgl. Abschn. 6, S. 23) für einen mehrdimensionalen Körper der Name *Polytop* gebräuchlich geworden, sodaß wir sagen können: *Ein Polytop in R_4, gebildet durch lineare R_3's, wird von Polyedern begrenzt, die paarweise mit einer Seitenfläche aneinanderschließen.*

Dem Studium der Polytope ist der ganze zweite Teil des Lehrbuches von P. H. SCHOUTE gewidmet, und das Hauptziel ist das Finden und Beschreiben der sechs *regelmäßigen Polytope;* es ist aber keine Rede davon, daß wir dem Verfasser auf diesem Gebiete, auch nur entfernt, folgen können. Das Aufsuchen der sechs regelmäßigen Polytope von R_4, das wirkliche Aufbauen und der Beweis, daß andere als diese sechs nicht möglich sind, verlangt

20. Regelmäßige Polytope. Das regelmäßige Fünfzell

so vielerlei und so lange und komplizierte Untersuchungen, daß wir das bescheidene Ziel dieses Buches, nämlich ein erstes Bekanntwerden mit der doch nicht eben leicht zugänglichen mehrdimensionalen Geometrie zu ermöglichen, gänzlich verfehlen würden, wenn wir uns bemühten, hier eine mathematische Untersuchung zu geben; im Gegenteil, wir müssen unsere Taktik völlig ändern. Konnten wir im vorhergehenden von allem, oder wenigstens von dem meisten, was wir behaupteten, einen befriedigenden Beweis geben, von nun an können wir nichts anderes tun als beschreiben, so wie der Botaniker eine Pflanze, der Zoologe ein Tier beschreibt, wobei wir aber nicht verschweigen wollen, daß wir im geheimen hoffen, daß mancher Leser sich unbefriedigt von unserer Beschreibung abwenden wird und in dem Lehrbuche von P. H. SCHOUTE Befriedigung für sein Verlangen suchen wird, das „Warum" der Dinge zu erfahren, ein Verlangen, dem nur die Mathematik, die aber dann auch vollkommen, Genüge leistet.

Wir haben schon früher ein Polytop kennen gelernt, obgleich wir es damals nicht so genannt haben, nämlich das Simplex S_5 (Abschn. 7, S. 27), das dritte Glied der Reihe Dreieck, Tetraeder usw., und das SCHLEGELsche Diagramm dieses Simplex (Fig. 2) hat uns alles gelehrt, was wir zu wissen wünschen; wir können nun ganz bequem ein *regelmäßiges Simplex* herstellen, das sogenannte *regelmäßige Fünfzell*.

Es sei 1 2 3 4 (Fig. 8) ein regelmäßiges Tetraeder, und es sei der Einfachheit halber die Länge einer Kante die Einheit. Ist $44'$ die Höhe vom Punkte 4 aus, dann ist $4'$ der Mittelpunkt des gleichseitigen Dreiecks 1 2 3, und daher $1\,4' = \frac{2}{3} \cdot 1\,1'$, während, wenn O der Mittelpunkt des Tetraeders ist, $O\,4 = \frac{3}{4} \cdot 4\,4'$.

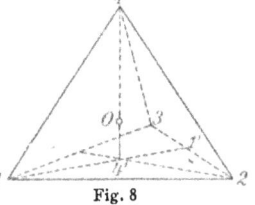

Fig. 8

Nun ist $1\,1' = \sqrt{1-\frac{1}{4}} = \frac{1}{2}\sqrt{3}$, daher $1\,4' = \frac{2}{3} \cdot \frac{1}{2}\sqrt{3} = \frac{1}{3}\sqrt{3}$.
Ferner ist $4\,4' = \sqrt{1-\frac{1}{3}} = \frac{1}{3}\sqrt{6}$, daher $O\,4 = \frac{3}{4} \cdot \frac{1}{3}\sqrt{6} = \frac{1}{4}\sqrt{6}$.

Errichte nun in O auf den R_3 des Tetraeders die Senkrechte und nenne ihre Länge vorläufig x und den Endpunkt 5; dann ist unmittelbar einzusehen, daß die Dreiecke 5O1, 5O2, 5O3, 5O4 kongruent sind, und daher der Punkt 5 von allen Eckpunkten des Tetraeders gleich weit entfernt ist. Diese Dreiecke sind nämlich alle rechtwinklig in O, weil die Gerade 5O senkrecht auf dem ganzen R_3 steht, daher auf allen Geraden von R_3, daher auch auf den Verbindungslinien von O mit den Punkten 1, 2, 3, 4; überdies haben sie alle die Seite 5O gemeinsam und die Seiten O1, O2, O3, O4 gleich. Der Abstand des Punktes 5 von den Eckpunkten des Tetraeders kann also durch Anwendung des pythagoreischen Lehrsatzes auf eines der Dreiecke, z. B. 5O1, gefunden werden; man findet dann:

$$5\,1 = \sqrt{(\tfrac{1}{4}\sqrt{6})^2 + x^2} = \sqrt{\tfrac{3}{8} + x^2},$$

und wenn wir nun wünschen, daß dieser Abstand ebensogroß sein soll wie die Kante des Tetraeders, also eine Einheit, dann müssen wir x so bestimmen, daß

$$1 = \tfrac{3}{8} + x^2,$$

also $\qquad\qquad\qquad x = \tfrac{1}{4}\sqrt{10}.$

Wenn wir also der in O auf den R_3 des Tetraeders errichteten Senkrechte die Länge $\tfrac{1}{4}\sqrt{10}$ geben, dann liegt der Endpunkt 5 ebensoweit von den Punkten 1, 2, 3, 4 entfernt als diese voneinander; es sind also auch 1 2 3 5, 1 2 4 5, 1 3 4 5, 2 3 4 5 regelmäßige Tetraeder; dann ist die Figur, welche von den fünf Punkten gebildet wird, ein Simplex, bei welchem alle zehn Kanten gleich lang, alle zehn Seitenflächen kongruente gleichseitige Dreiecke, alle fünf Seitenräume kongruente, regelmäßige Tetraeder sind, kurz, ein regelmäßiges Polytop, genannt das *regelmäßige Fünfzell* und angedeutet durch das Symbol $C_5 = (5, 10, 10, 5)$; es ist das einfachste unter allen regelmäßigen Polytopen, wie wir wissen, weil es nur Kanten, Seitenflächen und Seitenräume hat, aber keine Diagonalen, Diagonalebenen oder Diagonalräume enthält.

In R_4 läßt sich also ein Teil des Raumes durch ein regelmäßiges Polytop abgrenzen, das aus fünf kongruenten regelmäßigen Tetraedern aufgebaut ist, die paarweise ein gleichseitiges Dreieck, je drei eine Kante, und je vier einen Eckpunkt gemeinsam haben.

21. Das Maßpolytop oder das regelmäßige Achtzell.

Das Bestehen noch eines zweiten regelmäßigen Polytops läßt sich leicht begreifen. Denken wir uns in einer Ebene eine Strecke, der wir der Einfachheit halber wieder die Länge 1 geben, und denken wir uns eine Senkrechte auf sie errichtet. Verschieben wir nun die Strecke längs der senkrechten Richtung um einen Abstand 1, dann beschreibt die Strecke ein Quadrat, und den Teil der Ebene, der durch dieses Quadrat eingeschlossen wird, nennen wir die Flächeneinheit, und wir verwenden sie, um den Flächeninhalt anderer ebener Figuren messen, d. h. durch eine Zahl ausdrücken zu können. Denken wir uns nun ferner die Ebene des Quadrates in einem R_3 gelegen, auf diese Ebene eine Senkrechte errichtet, und das Quadrat in der Richtung der Senkrechte wieder um den Abstand 1 verschoben, dann beschreibt das Quadrat einen Würfel, die Einheit des Volumens aller dreidimensionalen Figuren.

Nun kann man doch offenbar so weitergehen. Liegt der Raum des Würfels in einem R_4, dann braucht man auch auf diesen R_3 (in einem bestimmten Punkte) nur wieder eine Senkrechte zu errichten, so steht diese auf allen sechs Seitenflächen des Würfels zugleich senkrecht, ebenso wie die Senkrechte auf der Ebene von soeben senkrecht auf allen vier Seiten des Quadrates stand. Verschiebt man also den Würfel in der Richtung der Senkrechte um den Abstand 1, dann beschreibt offenbar jede Seitenfläche des Würfels einen Würfel, so wie soeben jede Seite des Quadrates ein Quadrat beschrieb, und der ganze Würfel durchläuft ein Polytop, das offenbar die Volumeinheit für alle vierdimensionalen Polytope sein wird, und deshalb auch mit Recht das *Maßpolytop* genannt wird.

I. Euklidische mehrdimensionale Geometrie

Es gibt kein einfacheres Mittel, um über das Maßpolytop die nötige Einsicht zu erlangen als die Anwendung der Methode von SCHLEGEL (Abschn. 7, S. 28). Indem man beim Würfel das Projektionszentrum etwas über dem Mittelpunkt der Deckfläche wählt, und von hier aus die Grundfläche auf die Deckfläche projiziert, erhält man in der Deckfläche zwei Quadrate ineinander, mit parallelen Seiten und gemeinschaftlichen Diagonalen, und indem man beim Maßpolytop das Zentrum etwas außerhalb des Polytops und auf der Senkrechte, im Mittelpunkt eines der Würfel auf den Raum des Würfels errichtet wählt, kann man erreichen, daß einer der Würfel, die das Polytop begrenzen (in R_3 würden wir sagen die Grundfläche, die wir auf die Deckfläche projizieren), im Diagramm ein Würfel bleibt, und in regelmäßiger Weise im Inneren des Würfels zu liegen kommt, in dessen Raum wir das Diagramm entstehen lassen wollen, wie es in Fig. 9 zu sehen ist; die übrigen sechs Würfel des Polytops erscheinen im Diagramm als regelmäßige, abgestumpfte, vierseitige Pyramiden, deren Scheitel im Mittelpunkt des großen durch das Diagramm ungeänderten Würfels vereint liegen.

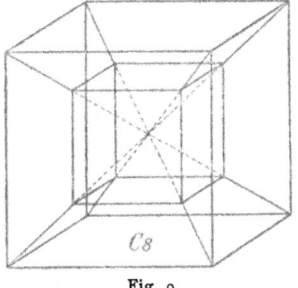

Fig. 9

Daß dies Polytop wirklich regelmäßig ist, bedarf ebenso wie im Falle des Fünfzells, noch eines ausdrücklichen Beweises, aber sicher wird niemand das Gegenteil erwarten.

Durch Abzählen findet man, daß das Maßpolytop auch das *regelmäßige Achtzell*, C_8, genannt werden kann, denn es wird von acht Würfeln begrenzt.

Die Anzahl der Eckpunkte ist offenbar 16, nämlich die Anzahl der Eckpunkte des großen Würfels vermehrt um die des kleinen; die Anzahl der Kanten ist 32 (12 vom großen Würfel, 12 vom kleinen und dann noch die 8 Seitenkanten der abgestumpften Pyramiden, die auf den 4 Würfeldiagonalen gelegen sind);

die Anzahl der Seitenflächen ist 24 (6 vom großen Würfel, 6 vom kleinen und 12 von den Pyramiden), die Anzahl der Seitenräume ist, wie wir wissen, 8; *das Maßpolytop oder das regelmäßige Achtzell kann also durch das Symbol* $C_8 = $ *(16, 32, 24, 8) wiedergegeben werden.*

22. Das regelmäßige Sechzehnzell.

Nehmen wir in R_3 ein rechtwinkliges Achsenkreuz an, tragen vom Schnittpunkt O der Achsen auf jede Achse nach beiden Seiten gleiche Stücke auf und verbinden die sechs so entstehenden Punkte durch Geraden, dann entsteht das regelmäßige Oktaeder, das von acht gleichseitigen Dreiecken begrenzt wird. Legt man nun diesen Körper mit einer seiner Seitenflächen auf den Tisch und etwa so, daß der Eckpunkt nach rechts zeigt, dann weist der Eckpunkt der Deckfläche nach links; nimmt man nun etwas über der Deckfläche ein Projektionszentrum an und projiziert von hier aus die Grundfläche auf die Deckfläche, dann wird die Projektion ein gleichseitiges Dreieck, das im Innern der Deckfläche liegt und umgekehrt orientiert ist, d. h. mit der Basis nach links und dem Scheitel nach rechts; wenn man die Eckpunkte der beiden Dreiecke miteinander verbindet, so erhält man das Diagramm des Oktaeders.

Es ist klar, daß man auch diesen Vorgang in R_4 wiederholen kann; nur besteht hier das Achsenkreuz aus vier Achsen, und man hat also acht Punkte miteinander zu verbinden, wodurch ein Polytop entsteht, das von 16 regelmäßigen Tetraedern begrenzt wird. Man kann ja auf jeder der vier Achsen einen positiven und einen negativen Teil unterscheiden und nun damit beginnen, die Endpunkte der vier positiven Achsen zu verbinden, wodurch ein dreidimensionaler Körper entsteht, der in dem R_3 gelegen ist, der durch die vier Eckpunkte bestimmt wird und der, wie man erwarten wird, bei näherer Untersuchung sich als regelmäßiges Tetraeder ergibt. Nun kann man auf einer Achse den positiven Eckpunkt durch den negativen ersetzen; da es vier Achsen gibt, entstehen auf diese Weise vier neue Tetraeder.

84   I. Euklidische mehrdimensionale Geometrie

Hierauf werden von *zwei* Achsen die negativen Endpunkte genommen; das ergibt $\frac{4 \cdot 3}{1 \cdot 2} = 6$ Möglichkeiten, und daher sechs neue Tetraeder; dann von drei, was ebenso wie bei drei positiven Endpunkten vier Tetraeder ergibt, und endlich das eine Tetraeder mit den vier negativen Endpunkten, zusammen also $1 + 4 + 6 + 4 + 1 = 16$.

Das Polytop, das auf diese Weise entsteht, und das wieder regelmäßig ist, ist das *regelmäßige Sechzehnzell*, C_{16}, und das Diagramm von SCHLEGEL, auf analoge Weise konstruiert, wie es soeben beim Oktaeder beschrieben wurde, besteht aus einem großen Tetraeder, in welchem ein kleineres liegt, das gerade umgekehrt orientiert ist, so, daß man von jedem Eckpunkt des großen Tetraeders gerade auf eine Seitenfläche des kleinen sieht und umgekehrt (Fig. 10). Jeder Eckpunkt des großen Tetraeders ist mit den Eckpunkten des kleinen verbunden, außer mit dem gleichnumerierten, d. h. 1 mit $2'$, $3'$, $4'$, aber nicht mit $1'$, usw. Die 16 begrenzenden Tetraeder sind in dem Diagramm leicht wiederzufinden; außer dem großen und kleinen hat man 1 $2'$ $3'$ $4'$ und die drei analogen (nämlich 2 $1'3'4'$, 3 $1'2'4'$, 4 $1'2'3'$).

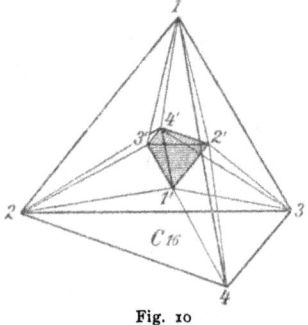

Fig. 10

Umgekehrt $1'$ 2 3 4 und drei analoge, und endlich sechs in der Art von 1 2 $3'$ $4'$ (z. B. 1 3 $2'$ $4'$, 3 4 $1'$ $2'$ usw.); stellen die Punkte 1 2 3 4 die Endpunkte der positiven, $1'$ $2'$ $3'$ $4'$ die der negativen Achsen vor, so erkennt man leicht die $1 + 4 + 6 + 4 + 1$ Tetraeder von soeben. Die Anzahl der Eckpunkte ist offenbar nur 8, die Anzahl der Kanten 6 vom großen, 6 vom kleinen Tetraeder und 4 mal drei Verbindungslinien eines Eckpunktes des großen Tetraeders mit dreien des kleinen, also zusammen $6 + 6 + 4 \times 3 = 24$; die Anzahl der Seitenflächen: vier vom großen Tetraeder, 4 vom kleinen; 4 mal die 3 Verbindungsflächen eines Eckpunktes des großen mit zweien des kleinen und umgekehrt, also zusammen $4 + 4 + 4 \times 3 + 4 \times 3 = 32$. *Das regelmäßige Sechzehnzell, das Analogon des Oktaeders, wird also durch das Symbol $C_{16} = (8, 24, 32, 16)$ dargestellt.*

23. Das regelmäßige Vierundzwanzigzell.

Es gibt noch ein zweites vierdimensionales Analogon des regelmäßigen Oktaeders, obgleich sich dabei die Analogie nicht so vollständig durchführen läßt wie im Falle des regelmäßigen Sechzehnzells.

Im vorigen Abschnitt ließen wir das Oktaeder entstehen, indem wir auf den drei Achsen eines rechtwinkligen Achsensystems nach beiden Seiten gleiche Stücke auftrugen und die Endpunkte miteinander verbanden; dies ist die Art, wie der Kristallograph gewöhnlich diesen Körper betrachtet. Man kann ihn aber auch auf folgende Weise erzeugen: man errichtet im Mittelpunkt eines Quadrates mit der Seite 1 die Senkrechte auf die Ebene des Quadrates, gibt ihr die Länge $\frac{1}{2}\sqrt{2}$, spiegelt den Endpunkt in bezug auf die Ebene des Quadrates, und verbindet nun die beiden so erhaltenen Punkte mit den Eckpunkten des Quadrates; der Körper, der so entsteht, ist ein regelmäßiges Oktaeder.

Ersetzt man nun das Quadrat durch einen Würfel mit der Kante 1 und nennt die Eckpunkte dieses Würfels A, den Mittelpunkt M, dann ist $MA = \frac{1}{2}\sqrt{3}$. Errichte in M die Senkrechte auf den R_3 des Würfels, und gib dieser Senkrechte die Länge $\frac{1}{2}$; nennt man den Endpunkt P, dann sind alle acht Dreiecke PMA kongruent (da $PM \perp R_3$, sind alle Winkel PMA rechte, während alle Seiten $MA = \frac{1}{2}\sqrt{3}$ sind und die Dreiecke alle PM gemeinsam haben) und $PA = \sqrt{\frac{3}{4} + \frac{1}{4}} = 1$, sodaß P von allen Eckpunkten des Würfels den Abstand 1 hat und daher alle Dreiecke, die vom Punkte P und zwei Punkten A gebildet werden, gleichseitig sind.

Soweit stimmt die Analogie mit dem Oktaeder vollkommen, doch dabei bleibt es; nimmt man jetzt nämlich das Spiegelbild P^* von P in bezug auf den R_3 des Würfels, d. h. macht man $MP^* = MP$, dann entsteht kein regelmäßiges Polytop, was sogleich daran zu sehen ist, daß durch die Punkte P und P^* jedesmal acht Kanten gehen (nämlich nach den Eckpunkten des Würfels), durch den Punkt A aber nur fünf, nämlich drei nach den drei anderen Eckpunkten des Würfels, eine nach P, und eine nach P^*.

Die Sache ist hier komplizierter. Wenn wir P mit dem Mittelpunkt m irgend einer Seitenfläche des Würfels verbinden und nun einmal die Ebene betrachten, in der $\triangle PMm$ gelegen ist, dann können wir folgendes bemerken: Mm steht senkrecht auf der Seitenfläche, aber PM steht senkrecht auf dem ganzen R_3 des Würfels, also auch senkrecht auf der Seitenfläche, und da PM nicht nur nicht parallel Mm ist, sondern sogar senkrecht darauf steht, steht die Ebene des $\triangle PMm$ in m absolut senkrecht auf der Seitenfläche des Würfels, sodaß auch Pm senkrecht auf der Seitenfläche steht (wir unterstützen hier absichtlich unsere Überlegung nicht durch eine Figur, weil eine Figur hier mehr Schaden als Nutzen stiften würde); steht aber jede Gerade Pm senkrecht auf der zugehörigen Seitenfläche des Würfels, und ist Q der Symmetriepunkt von P in bezug auf m, dann sind P, Q und die vier Eckpunkte A des zugehörigen Quadrates die Eckpunkte eines regelmäßigen Oktaeders, und solcher Oktaeder gibt es sechs, weil der Würfel sechs Seitenflächen hat; also gibt es auch sechs Punkte Q.

Man findet die sechs Punkte Q, indem man die sechs Strecken Pm von P aus doppelt so lang macht; es ist also unmittelbar einzusehen, daß die sechs Punkte Q in einem linearen R_3 liegen, der parallel zum R_3 des Würfels ist, und selbst wieder die Mittelpunkte der Seitenflächen eines neuen Würfels sind, aber mit der Kante 2 und ähnlich und ähnlich gelegen mit dem kleineren Würfel, wobei P das Ähnlichkeitszentrum ist; als Mittelpunkte der Seitenflächen eines Würfels bilden die Punkte Q wieder ein regelmäßiges Oktaeder, und der R_3 der Punkte Q enthält offenbar das Spiegelbild O von P in bezug auf den Raum des *kleineren*

23. Das regelmäßige Vierundzwanzigzell

Würfels; und da die Länge von $OP = \frac{1}{2}$ ist, ist auch der Abstand der beiden Räume $R_{(A)}$ und $R_{(Q)}$ (worunter wir den Raum der Punkte A, also den des kleinen Würfels, und der Punkte Q, also des größeren Würfels, meinen) $\frac{1}{2}$.

Nachdem wir dies alles vorausgeschickt haben, betrachten wir den Raum $R_{(Q)}$ als Symmetrieraum und spiegeln also in bezug auf diesen die vorliegende Figur, nämlich P, die acht Eckpunkte A des kleineren Würfels, und die sechs regelmäßigen Oktaeder, die jedesmal vier von den Punkten A, den Punkt P und einen der Punkte Q enthalten; wir finden dann einen Punkt P^*, acht Punkte A^* und sechs neue Oktaeder, also im ganzen $1 + 8 + 6 + 8 + 1 = 24$ Eckpunkte und zwölf Oktaeder; so ist aber das Polytop noch nicht vollständig. Denken wir uns nämlich einmal eine Kante AA des kleinen Würfels; diese liegt parallel zum Raume $R_{(Q)}$ (weil nämlich der ganze $R_{(A)}//R_{(Q)}$ und daher auch jede Gerade von $R_{(A)}//R_{(Q)}$ ist), und hat von $R_{(Q)}$ den Abstand $\frac{1}{2}$ Das Spiegelbild der Kante bildet also mit der Kante selbst ein Quadrat mit der Seite 1, und wenn wir nun die beiden Punkte Q, die von den beiden Seitenflächen des kleinen Würfels herrühren, die einander in der Kante AA schneiden, mit den Eckpunkten des Quadrates verbinden, dann entsteht ein neues regelmäßiges Oktaeder, ja es entstehen auf diese Weise zwölf, weil ein Würfel zwölf Kanten hat. Mit den früheren zwölf Oktaedern zusammen ergibt das 24, und nun ist das Polytop offenbar fertig; es ist regelmäßig, wie die Untersuchung lehrt, und wird von 24 regelmäßigen Oktaedern begrenzt; daher der Name *regelmäßiges Vierundzwanzigzell*, C_{24}. Wir sahen bereits, daß es 24 Eckpunkte hat; von ihnen gehen je acht Kanten aus, nämlich jedesmal nach den Eckpunkten eines Würfels (A), und da auf jeder Kante zwei Eckpunkte liegen, ist die Anzahl der Kanten $\frac{1}{2} \times 8 \times 24 = 96$. Ferner haben die 24 begrenzenden Oktaeder 8×24 Seitenflächen; aber jede Seitenfläche gehört zu zwei Oktaedern, also ist auch die Anzahl der Seitenflächen $\frac{1}{2} \times 8 \times 24 = 96$. Das *Symbol des regelmäßigen Vierundzwanzigzells ist also*: $C_{24} = (24, 96, 96, 24)$. Das Diagramm von C_{24} ist erheblich komplizierter als das von

88   I. Euklidische mehrdimensionale Geometrie

C_5, C_8 oder C_{16}; wir geben eine Beschreibung davon mit Hilfe von Fig. 11, die ein Drahtmodell wiederzugeben trachtet, wie es in der bekannten Werkstätte für mathematische Modelle von der Firma Martin Schilling in Leipzig verfertigt wird. Man sieht in der Figur deutlich ein regelmäßiges Oktaeder, das in dem Projektionsraum liegt, und ein kleineres, beide mit demselben Mittelpunkt und mit denselben Hauptachsen; das kleinere ist natürlich die Projektion eines Oktaeders, das in Wirklichkeit ebenso groß ist wie das große, auf den Raum des großen. Außer diesen zwei Oktaedern ist aber in der Figur noch ein anderer Körper abgebildet, nämlich ein sogenanntes *halb regelmäßiges Vierzehnflach*, das man aus einem Würfel (der deutlichkeitshalber auch in der Figur vorkommt, doch in Wirklichkeit weggedacht werden muß)

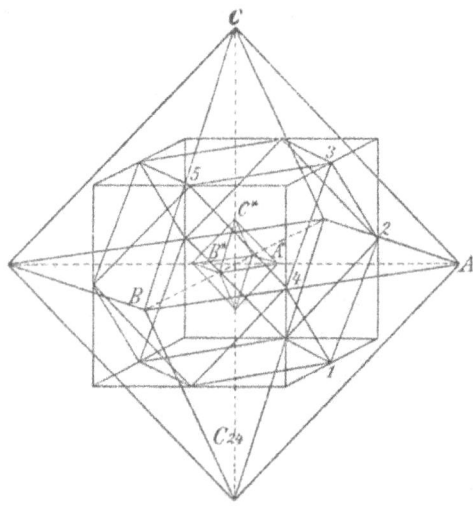

Fig. 11

erhält, wenn man die acht Ecken bis auf die Hälfte der Kanten abstumpft, und das von sechs Quadraten in den Seitenflächen des Würfels und acht gleichseitigen Dreiecken an Stelle der Ecken des Würfels begrenzt wird. Man findet nun gerade gegenüber jeder Seitenfläche des Würfels, wie z. B. 1 2 3 4, einen Eckpunkt A des großen und A^* des kleinen Oktaeders, und muß diese Punkte mit 1, 2, 3, 4 verbinden (was beim Modell von Schilling durch Seidenfäden, in unserer Figur aber deutlichkeitshalber *nicht* getan ist), um die Projektion eines Seitenoktaeders des Polytops zu finden; hat man aber alle diese Fäden gespannt, so hat man zugleich die Eckpunkte der gleichseitigen Dreiecke des Vierzehnflachs mit den Eckpunkten der *großen* Dreiecke verbunden (z. B. 3 4 5 mit den Eckpunkten von ABC) und mit denen der kleinen Dreiecke (z. B. $A^* B^* C^*$) und auch diese Körper, also z. B. ABC 3 4 5 und $A^* B^* C^*$ 3 4 5, sind Projektionen von Oktaedern, aber gleichsam in der Richtung zweier paralleler Seitenflächen platt gedrückt und dadurch ein wenig ausgedehnt.

Zählt man nun alle Körper zusammen, dann findet man: das große Oktaeder, das kleine, sechs Oktaeder von der Art 1 2 3 4 AA^*, acht von der Art ABC 3 4 5 und acht von der Art $A^* B^* C^*$ 3 4 5, zusammen tatsächlich 24, während die Anzahl der Eckpunkte ist: sechs vom großen Oktaeder, sechs vom kleinen, und zwölf vom Vierzehnflach, also auch 24. Das Kontrollieren der Anzahl der Kanten und Seitenflächen dürfen wir nun wohl dem Leser überlassen.

24. Die übrigen regelmäßigen Polytope von R_4.

Außer den regelmäßigen C_5, C_8, C_{16}, C_{24} gibt es noch zwei andere regelmäßige Polytope, aber diese sind so unvergleichlich komplizierter als die schon behandelten, daß wir hier nicht daran denken können, auf ihre Behandlung einzugehen; *das eine ist das regelmäßige 120-Zell, mit dem Symbol*

$$C_{120} = (600, 1200, 720, 120)$$

und wird von 120 regelmäßigen Dodekaedern begrenzt, während es, wie man sieht, nicht weniger als 600 Eckpunkte, 1200 Kanten und 720 Seitenflächen besitzt; das andere ist das regelmäßige 600-Zell, das von nicht weniger als 600 regelmäßigen Tetraedern begrenzt wird und das Symbol

$$(C_{600} = 120, 720, 1200, 600)$$

hat.

Man sieht, daß die charakteristischen Zahlen dieser beiden Polytope dieselben sind und nur in umgekehrter Reihenfolge stehen, sodaß das eine gleichviele Eckpunkte hat wie das andere

I. Euklidische mehrdimensionale Geometrie

Seitenkörper, und das eine ebensoviele Kanten wie das andere Seitenflächen; das weist darauf hin, daß zwischen beiden eine enge Beziehung besteht, daß sie zueinander *dualistisch* sind, wie man es in der Geometrie ausdrückt, und tatsächlich ist diese Beziehung so eng, daß man, wenn man das eine Polytop gründlich kennt, das andere daraus ohne große Mühe ableiten kann. In diesem Zusammenhang wollen wir zugleich noch bemerken, daß $C_{24} = (24, 96, 96, 24)$ zu sich selbst dualistisch ist.

Es ist klar, daß es intensive Arbeit erfordert, im Bau dieser zwei neuen Körper gründlich Bescheid zu wissen; das öfter genannte Buch von P. H. SCHOUTE dürfte hier der geeignete Führer sein, während die beiden äußerst kunstvollen Modelle, welche die Firma Schilling auch von diesen Polytopen herzustellen wußte, ein unentbehrliches Hilfsmittel bilden. Wir können hier nicht mehr davon sagen als wir getan haben, wollen aber noch zwei Bemerkungen allgemeiner Art über regelmäßige Polytope anführen, von denen die erste wenigstens einigermaßen begreiflich machen soll, auf welchem Wege man diese Figuren entdecken konnte.

Es muß auffallen, daß unter den begrenzenden Polyedern der regelmäßigen Zelle Tetraeder, Würfel, Oktaeder und Dodekaeder, aber keine Ikosaeder vorkommen, *sodaß also in R_4 kein regelmäßiges Polytop möglich ist, das von regelmäßigen Ikosaedern begrenzt wird*; wie kommt das?

Denken wir uns eine Kante AB irgendeines regelmäßigen Polytops. Dieses Polytop wird von Polyedern begrenzt, die paarweise ein regelmäßiges Vieleck gemein haben, das in der Schnittebene der beiden R_3 liegt, in denen sich die begrenzenden Polyeder befinden; für eine Kante hat man also mindestens drei Polyeder nötig, weil tatsächlich in R_4 drei Räume erst eine Gerade gemeinsam haben. Durch eine Kante eines regelmäßigen Polytops gehen also mindestens drei Seitenpolyeder; es ist aber nicht ausgeschlossen, daß noch mehrere hindurchgehen. So sind im R_3 mindestens drei Seitenflächen nötig, um einen Eckpunkt irgendeines Körpers zu bestimmen, aber beim Oktaeder

24. Die übrigen regelmäßigen Polytope von R_4

z. B. gehen durch einen Eckpunkt schon vier, beim Ikosaeder sogar fünf. Wir fragen nun: was wird geschehen, wenn wir ein regelmäßiges Polytop mit einem R_3'' zum Schnitt bringen, der in einem Punkt P senkrecht auf der Kante AB steht? R_3'' schneidet den R_3 jedes Seitenpolyeders durch AB in einer Ebene, die in P senkrecht auf AB steht und daher den Neigungswinkel des Seitenpolyeders enthält; da aber die Seitenpolyeder sich jedesmal mit einer Seitenfläche aneinanderschließen, so werden die verschiedenen Neigungswinkel mit je einem Schenkel aneinanderschließen, und daher in R_3'' eine körperliche Ecke mit dem Eckpunkt P bilden, deren Seitenwinkel natürlich alle gleich groß sein müssen, wenn das Polytop regelmäßig sein soll. Es fragt sich nun: welche regelmäßigen körperlichen Ecken kann man aus den Neigungswinkeln der regelmäßigen Polyeder bilden? Diese Neigungswinkel sind folgende:

Tetraeder: 70^0 $31'$ $43''$, 6
Würfel: 90^0 — — —
Oktaeder: 109^0 $28'$ $16''$, 4
Dodekaeder: 116^0 $33'$ $54''$, 2
Ikosaeder: 138^0 $11'$ $22''$, 6

Nun müssen, um eine regelmäßige mehrseitige Ecke zu erhalten, mindestens drei Ebenen durch einen Punkt gehen, während die Summe der Seitenwinkel einer Ecke $< 360^0$ sein muß; da aber $3 \times 138^0 = 414^0$, also $> 360^0$ ist, *kann das Ikosaeder nicht als Seitenpolyeder eines regelmäßigen Polytops auftreten.* Dagegen können
bei einem Tetraeder durch einen Punkt 3, 4 oder 5 Ebenen gehen
beim Würfel ,, ,, ,, 3 ,, ,,
beim Oktaeder ,, ,, ,, 3 ,, ,,
beim Dodekaeder ,, ,, ,, 3 ,, ,,
Dies sind sechs Möglichkeiten, und somit ist gezeigt, *daß mehr als sechs regelmäßige Polytope in R_4 nicht möglich sind.* Natürlich ist damit aber noch lange nicht gezeigt, daß die sechs, die nach obenstehender Liste wenigstens nicht unmöglich sind, nun

auch wirklich existieren; dies beweist man, was sicher wohl die befriedigendste Art und Weise ist, indem man sie wirklich aufbaut, aber, wie schon öfter erwähnt, darauf können wir nicht näher eingehen als im Vorhergehenden schon geschehen ist; begnügen wir uns also damit festzustellen, daß in der Reihenfolge des obigen Verzeichnisses *aus den Tetraedern C_5, C_{16}, C_{600}, aus dem Würfel C_8, aus dem Oktaeder C_{24}, und aus dem Dodekaeder C_{120} entsteht.*

Bedenkt man, daß in R_3 fünf, in R_4 sechs regelmäßige Polytope möglich sind, dann kann man allerlei Vermutungen über die Anzahl regelmäßiger Polytope in höheren Räumen aufstellen; man wird aber nicht leicht die Wahrheit erraten, die darin besteht daß, *von R_5 an, in jedem Raume nur drei regelmäßige Polytope möglich sind: das regelmäßige Simplex, das Maßpolytop und das Analogon des Oktaeders von R_3 und des C_{16} von R_4*, und das man also erhält, wenn man auf den Achsen eines rechtwinkligen Achsensystems vom Nullpunkt aus nach beiden Seiten gleiche Stücke aufträgt. Mit dieser Bemerkung wollen wir unsere Betrachtungen über die mehrdimensionale euklidische Geometrie schließen.

Zweiter Teil.

Nicht-euklidische Geometrie.

Einleitung.

25. Die Postulate Euklids, insbesondere das fünfte.

Nachdem wir im ersten Kapitel die Existenzmöglichkeit der mehrdimensionalen Geometrie, wie wir glauben, hinreichend erwiesen haben, kehren wir zu Abschn. 4, S. 14, insbesondere zu den Postulaten des ersten Buches der „Elemente", zurück. Einige haben wir schon erwähnt, so das erste: „Man kann von jedem Punkt zu jedem andern eine Gerade ziehen", und das zweite: „Man kann eine Strecke nach beiden Seiten hin unbegrenzt verlängern." Das dritte lautet: „Man kann um jeden Punkt

25. Die Postulate Euklids, insbesondere das fünfte

einen Kreis von beliebigem Radius beschreiben"; das vierte: „Alle rechten Winkel sind gleich groß" (als Definition ist angegeben, daß man unter einem rechten Winkel die Hälfte eines gestreckten versteht); das sechste: „Zwei Geraden schließen keinen Raum ein" (unter „Raum" ist ein endlicher Raum verstanden; der Begriff „unendlich" war ja den Griechen fremd); darunter ist gemeint, daß zwei verschiedene Geraden nicht mehr als einen Punkt gemein haben können.

Man wird gegen diese Postulate, gegen diese „Forderungen" also, die EUKLID an uns stellt, sicher nicht viel einzuwenden haben und bereit sein, sie stillschweigend zu billigen und anzunehmen, aber nun haben wir das fünfte Postulat noch nicht genannt, und das hat einen ganz anders gearteten Inhalt. Es lautet folgendermaßen: „*Werden zwei Geraden, die in derselben Ebene liegen, von einer dritten geschnitten, und ergeben die beiden Innenwinkel auf der einen Seite der Schnittlinie eine Summe, die kleiner als zwei Rechte ist, so müssen die beiden Geraden, wenn sie genügend verlängert werden, einander schneiden, und zwar auf der Seite der Schnittlinie, wo die beiden Innenwinkel liegen, deren Summe kleiner als zwei Rechte ist.*"

Jeder sieht sogleich, daß dieses fünfte Postulat tatsächlich ganz anders geartet ist als die fünf anderen und von dem Leser viel mehr fordert, ja sogar so viel, daß man geneigt ist, zu widerstreben und zu fragen: „Muß ich das nun wirklich so mir nichts dir nichts annehmen? Ist es denn eigentlich wahr? Und wenn es wahr ist — was ich anzunehmen geneigt bin —, dann muß es doch einen Grund haben; warum wird mir dieser Grund nicht mitgeteilt? Mit anderen Worten: Warum macht EUKLID aus dieser Aussage ein Postulat und nicht einen Lehrsatz, den er beweist?"

In diesen Fragen haben wir den Standpunkt gekennzeichnet, der 20 Jahrhunderte lang von denen eingenommen wurde, die am tiefsten über das Wesen der Geometrie nachgedacht haben. Zahllos viele waren es die, des Grübelns über diesen Punkt nach kürzerer oder längerer Zeit müde, das fünfte Postulat endlich nur ruhig akzeptiert haben; es waren diejenigen, deren Augenmerk hauptsächlich auf das Ausbauen der Geometrie gerichtet war, auf das Entdecken neuer Wahrheiten, und die deshalb, sei es auch wahrscheinlich innerlich unbefriedigt, das unangenehme Gefühl des nicht Unanfechtbaren, nicht vollständig Strengen der Grundlagen, von sich abgeschüttelt haben. Zu diesen gehörte zweifellos bis zu einem gewissen Grade EUKLID selbst. Daß EUKLID nicht gefühlt haben sollte, daß sein fünftes Postulat etwas ganz anderes enthielt als die anderen, ist natürlich ausgeschlossen; wir möchten im Gegenteil behaupten, daß wahrscheinlich niemand unter seinen Vorläufern oder Zeitgenossen es so tief gefühlt haben wird wie er und, obgleich wir es nicht wissen, möchten wir vermuten, daß vielleicht kein einziger griechischer Philosoph so leidenschaftlich nach einem Beweise für dieses Postulat gesucht hat wie EUKLID, und daß er erst nach langem Zögern, vielleicht erst nach jahrelangem Kampfe, sich dazu entschlossen hat, die erwähnte Aussage als Postulat niederzuschreiben. Aber es gab zu allen Zeiten Leute — und es waren durchaus nicht die Schlechtesten —, die, einmal unter den gefährlichen Einfluß dieses Postulats geraten, sich ihm ihr ganzes Leben lang nicht entziehen konnten, alle ihre Kräfte daran vergeudet haben und dadurch wissenschaftlich zugrunde gegangen sind. Glücklicherweise ist unter allen diesen nur einer gewesen, dem die bittere Sicherheit zuteil geworden ist, daß er sein Leben lang einem Hirngespinst, einem Nichts, nachgejagt hatte; aber diesem ist dafür auch der Trost geworden, daß gerade *sein* Sohn einer der drei Männer war, denen es, ganz unabhängig voneinander, gelungen ist, das jahrhundertealte Rätsel des fünften Postulats endlich zu entwirren; es war WOLFGANG BOLYAI, Professor der Mathematik, Physik und Chemie zu Maros-Vásárhely in Siebenbürgen, dem südöstlichen Teil des damaligen Ungarn, der Vater des berühmten JOHANN BOLYAI.

26. Das fünfte Postulat und die parallelen Geraden.

Unter den Versuchen, die im Laufe der Jahrhunderte unternommen wurden, um das fünfte Postulat zu beweisen, sind deutlich zwei Hauptströmungen wahrzunehmen. Man versuchte zunächst das vorliegende Postulat durch ein anderes, natürlicheres, selbstverständlicheres zu ersetzen, z. B. daß die Summe der Winkel eines Dreiecks 180^0 beträgt, oder daß es ähnliche Dreiecke gibt (JOHN WALLIS), oder daß durch drei nicht kollineare Punkte immer ein Kreis gelegt werden kann (WOLFGANG BOLYAI), alles in der Hoffnung, daraus das Postulat selbst beweisen zu können; und als alle diese Versuche, die manchmal scheinbar von Erfolg gekrönt waren, sich bei ernsterer Untersuchung ausnahmslos als Fehlschlüsse ergaben, kam man allmählich auf die Idee, einen anderen Weg einzuschlagen, nämlich den Beweis indirekt zu führen, d. h. anzunehmen, daß das Postulat nicht gelte, und daraus Folgerungen zu ziehen, bis man zu einem Widerspruch käme; ein indirektes Beweisverfahren, durch welches sich mancher Satz beweisen läßt, der sich auf direktem Wege nicht bezwingen läßt. Dieses indirekte Verfahren hat nun in der Tat schließlich zum Ziele geführt, doch, wie wir sehen werden, auf ganz andere Weise als man ursprünglich vermutete.

Auch hier sind wir natürlich wieder genötigt, uns möglichst kurz zu fassen, aber auf eine andere Form des fünften Postulats müssen wir doch mit Nachdruck hinweisen, weil bei oberflächlicher Betrachtung diese neue Form uns mit einem Schlag aus der Schwierigkeit zu helfen scheint; an Stelle des fünften Postulats können wir nämlich ebensogut das Folgende setzen: *Durch einen Punkt außerhalb einer Gerade kann man stets eine, aber auch nur eine Gerade ziehen, die parallel zu der gegebenen ist.* Natürlich muß man dazu erst wissen, was parallele Geraden sind, doch dafür sorgt die Definition Nr. 23 von EUKLID, in welcher steht *daß zwei Geraden parallel sind wenn sie, in derselben Ebene liegend sich, wie weit sie auch verlängert werden, nie schneiden;* eine Definition von Parallelität, wie wir sie aus unseren Lehrbüchern gewöhnt sind. Aber es liegt hier noch etwas anderes vor. Man muß nicht allein wissen, was parallele Geraden sind, sondern auch, daß es parallele Geraden gibt, d. h. man muß das Vorhandensein paralleler Geraden zeigen; sonst würde unser neues Postulat eine Unmöglichkeit enthalten. Nun kann man diesen Beweis leicht führen, sogar ohne Figur. Man denke sich in einem Punkte A einer Gerade a eine Senkrechte AB von beliebiger Länge errichtet, und nun durch B eine Gerade b gezogen, die mit AB ebenfalls einen rechten Winkel einschließt. Nimmt man nun an — was EUKLID nicht ausdrücklich sagt, aber doch stets stillschweigend voraussetzt—, daß eine unbegrenzt verlängerte Gerade (in unserem Falle AB) die Ebene in zwei vollkommen voneinander getrennte Hälften teilt, und bedenkt man ferner, daß alle rechten Winkel gleich groß sind (Postulat 4), dann sieht man, daß die linke Seite der Figur (AB vertikal gedacht) beim Umlegen um die Gerade AB gerade auf die rechte zu liegen kommt, und daher ein Schnittpunkt von a und b links einen Schnittpunkt rechts zur Folge hätte, der niemals mit dem linken zusammenfallen könnte, weil die rechte und linke Hälfte der Ebene verschieden sind und daher keinen einzigen Punkt gemein haben; so kämen wir also mit dem sechsten Postulat in Widerspruch, nach welchem zwei Geraden niemals mehr als einen Punkt gemeinsam haben, und das wir vorläufig gelten lassen wollen.

Es gibt also parallele Geraden, und nun besagt unser neues Postulat daß, wenn eine Gerade a gegeben ist, durch jeden Punkt B außerhalb stets eine, aber auch nur eine Gerade b gezogen werden kann $\parallel a$. Vielleicht vermutet man, daß diese Aussage eigentlich ganz bequem zu beweisen ist (und daher ein Lehrsatz ist statt eines Postulats), z. B. folgendermaßen. Fälle von B aus die Senkrechte BA auf a und errichte in B die Senkrechte auf BA, dann ist b gefunden; und da von B aus nur eine Senkrechte auf a gefällt werden kann, und in B nur eine Senkrechte auf AB errichtet werden kann, so ist die Existenz *einer* parallelen Gerade durch B erwiesen. Man übersieht dabei

Das fünfte Postulat und die parallelen Geraden

aber daß wir zwar wissen, daß die Senkrechte in B auf BA parallel zu a ist, aber nicht, daß keine Geraden durch $B \parallel a$ möglich sind, die mit BA einen anderen Winkel als einen rechten einschließen; und ferner, daß zwar in einem Punkte einer Gerade nur eine Senkrechte errichtet werden kann (weil die Senkrechte den gestreckten Winkel halbiert, und aus dem Satz des Widerspruchs unmittelbar zu beweisen ist, daß ein Winkel nicht mehr als eine Halbierungslinie haben kann), aber daß nicht gezeigt wurde, daß von einem Punkte außerhalb einer Gerade auch nur eine Senkrechte gefällt werden kann; nehmen wir an, daß zwei möglich sind, so könnten wir in B auf jede der beiden die Senkrechte errichten, und diese zwei würden nicht zusammenfallen, weil einer von den Winkeln, den sie einschließen würden, aus zwei rechten Winkeln und dem Winkel der beiden Senkrechten bestünde. Indessen läßt sich leicht zeigen, daß von B aus wirklich nur eine Senkrechte möglich ist. Setzen wir wieder voraus, daß die Gerade a die Ebene in zwei vollkommen getrennte Hälften teilt und daß der Punkt B, wenn sich die Ebene um a dreht, nach einer Drehung um 180^0 in einen Punkt B' auf der anderen Hälfte der Ebene übergeht, dann werden, wenn wir einen Punkt A von a mit B und B' verbinden, die Winkel, die BA und $B'A$ mit a einschließen, gleich sein; ist nun der von BA ein rechter, dann muß der von $B'A$ auch ein rechter, und daher $\sphericalangle BAB'$ ein gestreckter sein. Solange nun das sechste Postulat unangefochten bleibt, gibt es durch B und B' nur eine Gerade, und also durch B nur eine Senkrechte BA. Aber der schon erwähnte Einwurf bleibt bestehen, nämlich daß wir zwar wissen, daß die Senkrechte in B auf $BA \parallel a$ ist, aber nicht daß keine Geraden durch $B \parallel a$ möglich sind, die mit BA einen von 90^0 verschiedenen Winkel einschließen.

Kehren wir nun zu unserem Ausgangspunkt zurück, nämlich der Gleichwertigkeit des fünften Postulats mit dem Postulat *einer* parallelen Gerade und dem Zusammenhang, der zwischen beiden durch die Sätze über die verschiedenen Innen- und Außenwinkel gebildet wird.

II. Nicht-euklidische Geometrie

Es seien a und b (Fig. 12) zwei parallele Geraden, die von einer dritten AB geschnitten werden, und es sei der spitze Winkel bei A gleich α, bei B gleich β. M sei der Mittelpunkt von AB, MP die Senkrechte, die von M auf a gefällt wird, und MQ sei gleich MP (wobei wir natürlich noch nicht wissen, daß Q auf b liegt). Die beiden Dreiecke MPA und MQB sind nun kongruent, weil $MA = MB$, $MP = MQ$ und die von diesen Seiten eingeschlossenen Winkel einander gleich sind, wobei wir ausdrücklich erwähnen wollen, daß die Sätze über kongruente Dreiecke ganz unabhängig sind von der Gültigkeit des fünften Postulats, und von EUKLID auch bewiesen werden, ohne von diesem Postulat Gebrauch zu machen. Aus dieser Kongruenz folgt nun $\sphericalangle BQM = \sphericalangle APM = 90^0$, und daher nach früherem $QB \parallel a$. Fiele nun Q nicht auf b, so würden durch B zwei verschiedene Geraden gehen $\parallel a$, was gegen die Voraussetzung ist; Q liegt also auf b, und weil sich aus der Kongruenz ergibt $\sphericalangle MAP = \sphericalangle MQB$, so folgt der Satz von den Wechselwinkeln, und damit ergibt sich das fünfte Postulat; denn da das Supplement von β mit α zusammen gerade zwei Rechte ergibt, so wird jede Gerade c durch B, für welche die Summe der beiden Winkel kleiner als zwei Rechte ist und die also, wie es die Figur zeigt, gelegen ist, a schneiden müssen (denn b ist die einzige Gerade, die a nicht schneidet, und c und b fallen nicht zusammen), und zwar auf der Seite der Schnittlinie, wo die Summe der Innenwinkel kleiner als zwei Rechte ist; und das ist gerade das fünfte Postulat. Das fünfte Postulat läßt sich also aus dem Postulat der Eindeutigkeit der parallelen Geraden ableiten.

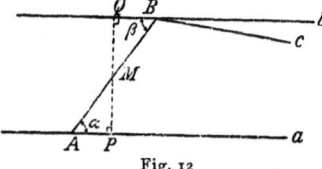
Fig. 12

Nun umgekehrt. Ist die Summe der Innenwinkel auf der rechten Seite der Schnittlinie $< 180^0$, dann schneiden die Geraden einander nach dem fünften Postulat rechts von AB, ist die Summe > 180, dann links, weil dann links die Summe $< 180^0$ ist. Ist also die Summe *gleich* 180^0, dann müssen sie einander entweder rechts und links schneiden, was mit dem sechsten Postulat in Widerspruch steht, oder gar nicht. Im letzten Falle geht durch B nur eine Gerade, die a nicht schneidet. Das Postulat von der Eindeutigkeit der parallelen Geraden läßt sich also auch umgekehrt aus dem fünften Postulat EUKLID's ableiten.

27. Saccheri, Lambert, Gauß, Lobatschefskij und Johann Bolyai. Die Hypothese vom rechten, spitzen und stumpfen Winkel.

Wie wir schon im vorigen Abschnitt zeigten, waren die Versuche, die man zu verschiedenen Zeiten unternahm, um das fünfte Postulat EUKLIDS, diesen Stein des Anstoßes, entweder zu beweisen oder durch andere, einfachere Forderungen zu ersetzen, erfolglos; man drehte sich im Kreise herum und kam keinen Schritt vorwärts. Da kam man auf den Gedanken, den Kurs ganz zu ändern: man nahm an, daß das fünfte Postulat falsch war, also nicht galt, und hoffte auf diesem indirekten Wege zu einem offenkundigen Widerspruch zu kommen; dann war die Sache doch in Ordnung. Hier muß vor allem der Name des italienischen Jesuitenpaters SACCHERI (sprich Sakkéri) genannt werden, der von 1667—1733 lebte, und von dem gesagt ist, daß er die Wahrheit nur zu greifen brauchte, und sie sicher auch erfaßt hätte, hätte er sich den Vorurteilen seiner Zeit entziehen können, die in der euklidischen Geometrie die einzig mögliche Geometrie sah. Und in der Tat, hier liegt der große, ja der gewaltige Unterschied im Standpunkt zwischen SACCHERI und den eigentlichen Begründern der nicht-euklidischen Geometrie, GAUSS, LOBATSCHEFSKIJ und JOHANN BOLYAI. SACCHERI hat, von einem andern Postulat als dem fünften des EUKLID ausgehend, und zwar von einem, das dieses als falsch verwirft, mit großer Scharfsinnigkeit eine Anzahl von Theoremen der nicht-euklidischen Geometrie entdeckt, aber immer in der festen Überzeugung, sie seien falsch; und er hat schließlich, wie GIUSEPPE VERONESE, einer der gründlichsten Kenner der Geometrie der Gegenwart, es ausdrückt, mit eigener Hand das Gebäude, das er erbaut hatte, zerstört, nämlich durch den Beweis, daß sein Ausgangspunkt falsch war; aber nicht sein Ausgangspunkt war falsch, sondern der Beweis, den er von diesem Falschsein gab.

CARL FRIEDRICH GAUSS, der Großmeister aus Göttingen, NIKOLAJ IWANOWITSCH LOBATSCHEFSKIJ, Rektor der Universität Kasan, und JOHANN BOLYAI DE BOLYA, ein ungarischer Offizier, das sind die drei genialen Männer, in deren Hirn zum erstenmal die Vermutung aufgetaucht ist von der Möglichkeit mehrerer Geometrien, die Vermutung der Möglichkeit also, daß neben der alt-bekannten euklidischen Geometrie vielleicht noch eine andere möglich sei, ganz verschieden von der EUKLIDS, aber darum nicht weniger richtig; die Vermutung, daß die Sätze der Geometrie, vielleicht alle oder vielleicht teilweise, nur relative Gültigkeit haben und nur insofern richtig sind, als man die Grundlagen, von denen man ausgegangen ist, als richtig anerkennt; daß aber in den Grundlagen ein Element von Willkür verborgen ist, und daß also die Grundlagen, zum Teil wenigstens, nach Belieben durch andere ersetzt werden können und daher nur den Wert von gegenseitigen Verabredungen haben.

Und so ist es. *Das berühmte fünfte Postulat ist eine Verabredung, „une convention", wie* POINCARÉ *es ausdrückt, mehr nicht.* Es ist also noch weniger als eine Hypothese; denn eine Hypothese stellt man auf, um wahrgenommene Erscheinungen erklären zu können, und eine Hypothese betrachtet man als richtig, bis Vorgänge entdeckt werden, die mit ihr im Widerspruch stehen, worauf sie entthront und durch eine andere ersetzt wird, die dann wieder als richtig betrachtet wird; beim fünften Postulat aber hat die Frage nach Richtigkeit oder Unrichtigkeit überhaupt keinen Sinn, weil man nach Wahl das eine oder das andere voraussetzen kann und in beiden Fällen eine Geometrie aufbauen kann, die logisch unanfechtbar ist. Nichtsdestoweniger ist es nun einmal gebräuchlich, hier das Wort „Hypothese" zu verwenden, und diesem Gebrauch wollen wir uns bequemlichkeitshalber anschließen, obgleich das Wort „Annahme" oder „Verabredung" besser wäre.

27. Saccheri, Lambert, Gauß, Lobatschefskij usw.

Und nun können wir den Unterschied im Standpunkt zwischen den drei obengenannten großen Männern und SACCHERI deutlicher hervortreten lassen: GAUSS, LOBATSCHEFSKIJ und BOLYAI waren sich der Möglichkeit von mehr als einer Geometrie bewußt und haben, jeder auf seine eigene Weise, eine solche Geometrie aufgebaut, und zwar mit dem klaren Ziel, die logische Bestehensmöglichkeit davon zu zeigen; SACCHERI dagegen lebte und ist in der Überzeugung gestorben, daß nur eine Geometrie möglich sei, und hat ebenfalls bis zu einem gewissen Grade eine nicht-euklidische Geometrie aufgebaut, aber mit dem vorgesetzten Ziel, schließlich zu zeigen, daß sie widerspruchsvoll wäre.

Der Ausgangspunkt SACCHERIS erlaubt eine so leichte Übersicht über die verschiedenen Möglichkeiten, daß wir dessen mit einem Wort Erwähnung tun wollen. Es sei (Fig. 13) AB eine Gerade; dann kann man auf diese Gerade in A und B nur je eine Senkrechte errichten (s. den vorigen Abschnitt). Wähle nun auf der Senkrechte in A einen willkürlichen Punkt C, errichte hier die Senkrechte auf AC und nimm an, daß diese die in B errichtete Senkrechte schneidet, und zwar im Punkte D; wir haben dann ein Viereck mit drei rechten Winkeln, nämlich A, B und C; wie groß ist der $\sphericalangle D$?

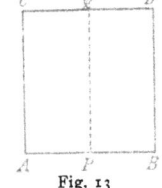

Fig. 13

Gilt das fünfte Postulat, und ist also die Summe der Winkel eines Dreiecks zwei Rechte, dann ist die eines Vierecks vier Rechte, weil das Viereck durch eine Diagonale in zwei Dreiecke geteilt wird; sind also drei Winkel rechte, dann ist der vierte auch ein rechter. Gilt aber das fünfte Postulat nicht, dann kann man über die Größe des $\sphericalangle D$ nichts Bestimmtes aussagen und also zwei Annahmen machen, nämlich daß er spitz oder daß er stumpf ist, und diese Voraussetzungen unterscheidet man der Kürze halber gewöhnlich als die „Hypothese des spitzen und stumpfen Winkels".

Das Viereck mit drei rechten Winkeln ist nun, wenn wir historisch genau bleiben wollen, eigentlich nicht die Figur, von der SACCHERI, sondern von der ein späterer Forscher ausging, nämlich JOHANN HEINRICH LAMBERT aus Mühlhausen (1728 bis 1777), der als Schneider begann und als Mitglied der Akademie in Berlin endete; die Figur, von der SACCHERI ausgeht in seinem 1733 erschienenen, dann ganz vergessenen, und erst im Jahre 1889 durch BELTRAMI von neuem bekannt gewordenen Buch mit dem dekorativen Titel: *Euclides ab omni naevo vindicatus*, d. h. ,,EUKLID, von jedem Makel gereinigt" (wobei dann das fünfte Postulat der ,,Makel" ist), ist die folgende. Es seien im Viereck $ABCD$ (Fig. 13) die Winkel bei A und B rechte und $AC = BD$, dann ist sogleich einzusehen, daß die Winkel bei C und D, wenn nicht rechte, doch wenigstens gleich sind. Errichte nämlich in der Mitte P von AB die Senkrechte PQ und falte die Figur längs der Gerade PQ zusammen; dann kommt B auf A zu liegen (die Winkel bei P sind rechte), und D auf C (die Winkel bei A und B sind rechte und $AC = BD$). Daraus folgt zunächst $\sphericalangle C = \sphericalangle D$, aber überdies, daß die Winkel bei Q rechte sind, sodaß sowohl die Figur links als die rechts von der strich-punktierten Linie ein Viereck mit drei rechten Winkeln ist. Die Figuren von LAMBERT und SACCHERI sind also gleichwertig.

28. Einige Eigenschaften des Vierecks von Saccheri.

Gestützt auf das Viereck von SACCHERI, also auf das Viereck mit zwei rechten Winkeln an der Basis, zwei gleich langen Seiten und der Mittelsenkrechte PQ (Fig. 13), wollen wir nun die Hypothesen vom rechten, spitzen und stumpfen Winkel, von denen im vorigen Abschnitt die Rede war, einer näheren Untersuchung unterziehen und dazu vorerst die folgende Frage besprechen, die sicher als eine Frage von grundlegender Bedeutung angesehen werden muß: Angenommen, es bestehe *ein* Viereck, dessen Winkel bei C und D (Fig.13) von bestimmter Art sind, sagen wir z. B. spitz, sind dann alle Vierecke von SACCHERI von derselben Art? Natürlich darf man das nicht als selbstverständlich annehmen, sondern es muß vielmehr gezeigt werden, daß

28. Einige Eigenschaften des Vierecks von Saccheri

eine Geometrie, in der sowohl Vierecke von SACCHERI mit spitzen als mit stumpfen oder rechten Winkeln vorkommen, unmöglich ist.

Wir wollen über den Beweis dieses Satzes etwas mitteilen, vor allem um zu zeigen, mit welch eigentümlichen Schwierigkeiten man zu kämpfen hat, und wieviel komplizierter die Betrachtungen werden, sobald man das fünfte Postulat fallen läßt, sodaß das Wort POINCARÉ's sehr treffend ist, daß die Hypothese vom rechten Winkel, die zur euklidischen Geometrie führt, nicht *besser* ist als die andere, aber wohl in hohem Grade ,,plus commode".

Zunächst einige einfache Theoreme, die im folgenden nötig sein werden, und zwar in erster Linie folgendes:

Wenn die Postulate 1 und 6 gelten (Abschn. 25, S. 92), während wir über das fünfte noch keine Entscheidung treffen, dann enthält ein rechtwinkliges Dreieck zwei spitze Winkel.

Beweis: Wäre $\sphericalangle CAB$ (Fig. 14) stumpf, dann würde die Gerade, die A mit einem bestimmten, zwischen C und B gelegenen Punkt P verbindet, mit CA einen *rechten* Winkel einschließen. Faltet man nun die Figur längs AC zusammen, dann fällt P auf Q, wenn Q das Spiegelbild von P in bezug auf C ist, und auch der Winkel $CAQ = 90°$, während Q und P niemals zusammenfallen können, da wir nach wie vor annehmen, daß eine unbegrenzte Gerade (hier AC) die Ebene in zwei vollkommen voneinander getrennte Teile teilt. $\sphericalangle PAQ$ würde nun aber $= 180°$, d. h. die Linie PAQ würde eine Gerade sein, und so würden durch die nicht zusammenfallenden Punkte P und Q zwei verschiedene Geraden gehen, nämlich PAQ und PCQ, was im Widerspruch mit dem sechsten Postulat steht. Ist $\sphericalangle CAB$ selbst ein rechter, dann fällt P mit B zusammen und bleibt der Beweis im übrigen derselbe. $\sphericalangle CAB$ kann also nicht stumpf und nicht recht sein, und ist daher spitz, und auf dieselbe Weise kann man natürlich zeigen, daß $\sphericalangle CBA$ spitz sein muß.

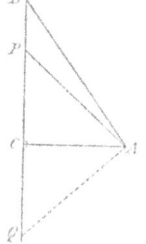

Fig. 14

Da ein gleichschenkliges Dreieck durch die Senkrechte, welche vom Scheitel auf die Basis gefällt wird, in zwei rechtwinklige Dreiecke geteilt wird, so sind in einem gleichschenkligen Dreieck die Winkel an der Basis spitz. Man sieht daß die Tatsache, daß in einem rechtwinkligen und in einem gleichschenkligen Dreieck zwei spitze Winkel vorkommen, nicht eine Folge des fünften, sondern des sechsten Postulats ist; diese Sätze gelten also in jeder Geometrie, in der das erste und sechste Postulat gelten, unabhängig davon, ob auch das fünfte gilt.

Machen wir von diesem Satz Gebrauch, so können wir Genaueres über das Viereck von SACCHERI erfahren. Nehmen wir einmal die Hypothese vom spitzen Winkel und das erste und sechste Postulat an, nehmen wir also an, daß in Fig. 15 die Winkel bei C und D spitz sind; errichten wir ferner in der Mitte R der Mittellinie PQ die Senkrechte EF auf PQ, und falten wir hierauf die obere Hälfte der Figur längs der Gerade EF um: wegen $RP = RQ$ und wegen der rechten Winkel bei P, Q und R fällt dann die Gerade CD auf AB, aber wo kommen die Punkte C und D zu liegen? Fällt C auf C^*, dann muß, da $\sphericalangle ECQ < 90^0$ ist, auch $\sphericalangle EC^*P < 90^0$ sein, woraus folgt, daß C^* links von A liegen muß; denn läge es rechts, so wäre $< EC^*P$ stumpf, weil wegen des vorangehenden Satzes $\sphericalangle EC^*A$ spitz wäre. *Gilt also außer dem ersten und sechsten Postulat die Hypothese vom spitzen Winkel, dann ist $CD > AB$.*

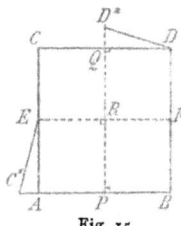

Fig. 15

Ferner: *Trägt man BD (oder AC) auf der Mittelsenkrechte PQ auf, dann ergibt sich die Mittelsenkrechte kleiner als die beiden senkrecht errichteten Seiten.* Kommt nämlich der Punkt D in D^* zu liegen, dann ist $PBDD^*$ ein neues Viereck von SACCHERI, sodaß $\sphericalangle PD^*D$ spitz sein muß, was nur möglich ist, wenn $PD^* = BD > PQ$ ist. Man kann die Eigenschaften des Vierecks von SACCHERI im Falle der Hypothese des spitzen Winkels sich am leichtesten an der nebenstehenden Fig. 16 merken, bei welcher drei Seiten des Vierecks durch Kreisbogen ersetzt sind, die aber

28. Einige Eigenschaften des Vierecks von Saccheri

im übrigen, was die Seiten und was die Winkel anlangt, die Verhältnisse richtig wiedergibt; überdies werden wir später sehen, daß dieses Ersetzen der Geraden der nicht-euklidischen Geometrie durch Kreisbogen der euklidischen mehr bedeutet als einfach eine Stütze unseres Gedächtnisses (vgl. Abschn. 37).

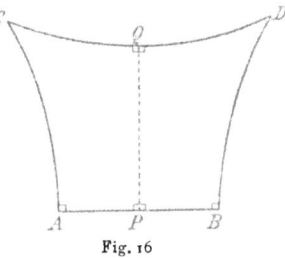

Fig. 16

Es ist fast überflüssig festzustellen daß, wenn neben dem ersten und sechsten Postulat die Hypothese vom stumpfen Winkel gilt, $CD < AB$ und $AC = BD < PQ$ ist, während im Falle des rechten Winkels die Eigenschaften gelten, die wir vom Rechteck gewöhnt sind, nämlich $CD = AB$ und $AC = BD = PQ$.

29. Über zwei Vierecke von Saccheri mit derselben Basis und verschiedenen Höhen.

Wir können nun zum Beweis des Hauptsatzes übergehen, nämlich, daß bei Annahme einer der drei Hypothesen über die Scheitelwinkel des Vierecks von SACCHERI, zusammen mit dem ersten und sechsten Postulat, solche Vierecke auch wirklich alle von der gleichen Art sind, und also z. B. nicht zugleich Vierecke mit spitzen und andere mit stumpfen Winkeln vorkommen können. Dieser Beweis wird in drei Etappen geführt. Zuerst werden Vierecke mit derselben Basis aber verschiedenen Höhen verglichen (unter „Höhe" die Länge der Mittelsenkrechte verstanden), dann umgekehrt Vierecke mit derselben Höhe aber verschiedener Basis, und endlich beliebige Vierecke.

Betrachten wir noch einmal die Fig. 15; hier haben wir zwei Vierecke mit derselben Basis AB, während die Höhe des einen halb so groß ist als die des andern. Falten wir die Figur längs EF zusammen, ebenso wie im vorhergehenden Abschnitt; ist ∢ AER spitz, dann ist ∢ CER stumpf, und C kommt also, umgelegt, notwendig links von A zu liegen, sagen wir in C^*. Dann ist aber, wenn man den Satz vom spitzen Winkel im rechtwinkligen Dreieck in Betracht zieht, ∢ C^*, also auch ∢ C, spitz, d. h. von gleicher Art, wie der Scheitelwinkel bei E im kleineren Viereck.

Ist umgekehrt ∢ AER stumpf, also ∢ CER spitz, dann kommt C nach dem Umlegen rechts von A zu liegen, und daher ist ∢ PC^*E, d. h. ∢ C, stumpf. Und ist der Winkel bei E ein rechter, dann fällt C auf A, und daher ist auch der Winkel bei C ein rechter.

Der Scheitelwinkel bei C ist also stets von der gleichen Art wie der bei E, also auch umgekehrt; denn ∢ E kann nicht stumpf sein, während ∢ C spitz ist, da aus dem, was eben bewiesen wurde, folgt, daß C spitz ist, wenn E spitz ist; der Satz ist also für zwei Rechtecke, die gleiche Basis haben und deren Höhen sich wie 1 : 2 verhalten, bewiesen.

Nun können wir aber den Satz von neuem anwenden, und zwar auf ein Viereck mit der Basis AB, dessen Höhe die Hälfte von PR, also ein Viertel von PQ ist; und so finden wir, fortschreitend, *daß der Satz für das Viereck ABCD und jedes andere Viereck mit der Basis AB gilt, dessen Höhe gleich $\frac{1}{2^n}PQ$ ist, wo n eine willkürliche positive ganze Zahl bedeutet.* Tatsächlich ist durch das Vorausgehende der Satz auch bewiesen, wenn die Höhe des zweiten Vierecks gleich $2^n \cdot PQ$ ist, statt $\frac{1}{2^n} \cdot PQ$, aber dies ist natürlich dasselbe, weil dann die Höhe des ersten Vierecks gleich $\frac{1}{2^n}$ mal der Höhe des zweiten Vierecks ist.

Wir wollen ferner annehmen, daß der Satz schon für alle Vierecke mit der Basis AB bewiesen ist, deren Höhe gleich $\frac{p}{2^n} \cdot PQ$ ist, wobei unter p der Reihe nach jede der Zahlen 1, 2, 3 ··· m gemeint ist, und wobei $m < 2^n$ (für $p = 1$ ist der Beweis tatsächlich geliefert); und nun betrachten wir Fig. 15 neuerdings, doch interpretieren sie anders. Wir nehmen an, daß sie nur ein Stück einer größeren Figur darstellt, die sich nach oben und unten erstreckt, und daß R der Endpunkt einer Höhe ist, die gleich $\frac{p}{2^n}$ mal der Höhe der ganzen Figur ist, P der Endpunkt einer Höhe $= \frac{p-1}{2^n}$ mal der ganzen Höhe, und endlich Q der Endpunkt einer Höhe $= \frac{p+1}{2^n}$

29. Über zwei Vierecke von Saccheri mit derselben Basis usw.

mal der ganzen Höhe. Auf Grund der Annahme gilt der Satz sowohl für p als auch für $p-1$, d. h. die Scheitelwinkel bei E und A sind von gleicher Art, und daher $\sphericalangle AER$ und $\sphericalangle EAP$ von verschiedener Art (denn dieser letztere ist nicht selbst ein Scheitelwinkel, sondern das Supplement eines Scheitelwinkels). Falten wir nun von neuem die Figur längs der Gerade EF zusammen und ist $\sphericalangle AER$ z. B. wieder spitz, und daher $\sphericalangle CER$ stumpf, dann kommt C wieder links von A zu liegen und $\sphericalangle C$ ist daher auch wieder spitz, usw. Genug, aus dieser Betrachtung folgt, daß, wenn der Satz für p gilt, er auch für $p+1$ gilt; nun gilt er tatsächlich für $p=1$; also auch für $p=2$, also auch für $p=3$, usw. *Der Satz ist für jeden echten Bruch $\frac{p}{2^n}$ bewiesen, wobei p und n positive ganze Zahlen sind und n außerdem willkürlich groß ist.*

Damit ist der Beweis noch immer nicht fertig, denn nicht jeder Teil der ganzen Höhe läßt sich auf die Form $\frac{p}{2^n}$ mal der Höhe bringen, z. B. schon $\frac{1}{3}$ oder $\frac{1}{5}$ nicht, und auch die irrationalen Zahlen nicht. Aber nun können wir noch folgendes bemerken. Ist a eine beliebige Zahl, die sich nicht auf die Form $\frac{p}{2^n}$ bringen läßt, dann ist es immer möglich, p und n so zu bestimmen, daß der Unterschied zwischen a und dem Bruch $\frac{p}{2^n}$, absolut genommen, also abgesehen vom Vorzeichen (was bekanntlich durch zwei vertikale Striche angedeutet wird) beliebig klein wird, d. h. kleiner als jede noch so kleine positive Zahl ε. Wir behaupten also, daß es immer möglich ist, die Ungleichung zu erfüllen:

$$\left| a - \frac{p}{2^n} \right| < \varepsilon, \text{ oder}$$
$$\left| a \cdot 2^n - p \right| < 2^n \cdot \varepsilon.$$

Tatsächlich kann man, da n willkürlich ist, diese Zahl immer so wählen, daß $2^n \cdot \varepsilon > 1$; durch diese Wahl des n (die auf unendlich viele Arten möglich ist, da ja die Bedingung $2^n \cdot \varepsilon > 1$ nur eine untere Grenze für n gibt) erhält $a \cdot 2^n$ einen bestimmten Wert, der aber niemals eine ganze Zahl sein kann, denn wäre $a \cdot 2^n = q =$ einer ganzen Zahl, dann ließe sich a auf die Form

$\frac{p}{2^n}$ bringen für $q = p$, was gegen die Voraussetzung ist. Die Zahl $a \cdot 2^n$ ist also ein Bruch; wähle nun für p eine der zwei ganzen Zahlen, die diesen Bruch einschließen, dann wird der obigen Ungleichheit Genüge geleistet.

Es ist wichtig, die Bemerkung zu wiederholen, daß der Ungleichung auf unendlich viele Arten Genüge geleistet werden kann, und zwar sowohl durch Zahlen $\frac{p}{2^n}$, die größer, als durch solche, die kleiner als a sind, während man überdies ε noch willkürlich abnehmen lassen kann, denn daraus folgt, daß man das Viereck mit der Höhe a mal der ganzen Höhe, für welches der Satz noch bewiesen werden muß, sowohl von oben als auch von unten, *und zwar willkürlich dicht* durch eine unendliche Reihe anderer Vierecke approximieren kann, für welche der Satz schon bewiesen ist; *und daraus folgt, daß der Satz für diese letzte und unangenehmste Kategorie von Vierecken, und daher allgemein, gilt.*

Die hier zuletzt durchgeführte Beweismethode muß immer da angewandt werden, wo das Irrationale im Spiel ist; wir haben tatsächlich kein anderes Mittel, um auch das Irrationale zu beherrschen, als indem wir es, und zwar von beiden Seiten, durch das Rationale einschließen und unbegrenzt annähern, in der Zahlentheorie z. B. durch die Näherungsbrüche der Kettenbrüche, und tatsächlich ist der hier gegebene Beweis im Grunde genommen nicht von dem verschieden, durch den gezeigt wird, daß der periodische Dezimalbruch $0,\overline{9}$ *gleich* 1 ist.

Daß er ebenso streng ist als andere Beweise, die direkter zum Ziele führen, diese Überzeugung muß sich der Leser durch eigenes gründliches Nachdenken erwerben; daß die Geometrie durch Weglassen des fünften Postulats nicht bequemer wird, diese Überzeugung hat der Leser wahrscheinlich schon erworben.

30. Zwei Vierecke von Saccheri mit derselben Höhe und verschiedenen Grundlinien. Der allgemeine Fall. Die Summe der Winkel eines Dreiecks.

Wir gehen nun zum Fall zweier Vierecke von SACCHERI mit derselben Höhe und verschiedenen Grundlinien über. Es sei in

30. Zwei Vierecke von Saccheri mit derselben Höhe usw.

Fig. 17 $ABQP$ die rechte Hälfte eines solchen Vierecks, sodaß PQ die Mittellinie darstellt und $\sphericalangle Q$, obgleich in der Figur stumpf gezeichnet, ein rechter ist; errichte im Punkte C, der in der Mitte zwischen P und A gelegen ist, die Senkrechte CD und betrachte $CDQP$ als die rechte Hälfte eines zweiten Vierecks von Saccheri, das mit dem ersten also die Höhe gemeinsam hat. Es sei ferner $\sphericalangle B$ spitz, dann kann man leicht zeigen, daß auch $\sphericalangle CDQ$ spitz ist. Die von D auf AB gefällte Senkrechte nämlich (daß nur e i n e Senkrechte möglich ist, folgt aus dem Satze des Abschn. 28, daß ein Dreieck mit zwei rechten Winkeln unmöglich ist, solange das erste und sechste Postulat gelten) muß ihren Fußpunkt in einem zwischen A und B gelegenen Punkte E haben, weil $\sphericalangle ABD$ spitz ist; legen wir also die linke Hälfte der Figur um CD um, dann fällt PQ auf AB, und es würde insbesondere Q, wenn $\sphericalangle CDQ$ ein rechter wäre, gerade auf B fallen, und wenn $\sphericalangle CDQ$ stumpf wäre und also $\sphericalangle CDB$ spitz, sogar oberhalb B zu liegen kommen, woraus aber in beiden Fällen folgen würde, daß $\sphericalangle Q$ spitz ist, während wir wissen, daß er ein rechter ist; $\sphericalangle CDQ$ muß also spitz sein, d. h. von derselben Art wie Winkel ABD.

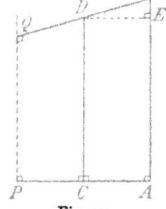

Fig. 17

Im Hinblick auf was nun folgt, wollen wir ausdrücklich bemerken, daß der Beweis auch noch gilt, wenn wir annehmen, daß $\sphericalangle Q$ stumpf ist, aber nicht mehr, wenn wir annehmen, daß er spitz ist.

Nimmt man an, daß $\sphericalangle B$ stumpf ist, wobei man zweckmäßig den Winkel Q spitz zeichnet, dann läßt sich auf genau dieselbe Weise zeigen, daß auch $\sphericalangle CDQ$ stumpf ist und daß der Beweis auch dann noch gilt, wenn $\sphericalangle Q$ spitz vorausgesetzt wird; und nimmt man die Hypothese vom r e c h t e n Winkel an, dann folgt wieder auf dieselbe Weise, daß auch der Winkel bei D nur ein rechter sein kann; unser Satz ist also für den Fall bewiesen, daß die eine Basis die Hälfte der andern ist und daher auch (vgl. den vorigen Abschnitt) für den Fall, daß die eine Basis $= \frac{1}{2^n}$ mal der andern ist.

Nun interpretieren wir Fig. 17 wieder anders; wir nehmen an, daß sie sich nach rechts und links ausdehnt und daß P der rechte Endpunkt einer Basis ist, die gleich $\frac{p-1}{2n}$ mal der andern, C von einer, die gleich $\frac{p}{2n}$ mal der andern, A von einer $=\frac{p+1}{2n}$ mal der andern; gilt der Satz dann für p und infolgedessen auch für $p-1$, dann sind, bei Annahme der Hypothese vom spitzen Winkel, die Winkel bei Q und D spitz, d. h. $\sphericalangle CDQ$ spitz, aber $\sphericalangle PQD$ stumpf, weil ja das Supplement dieses letzteren als Scheitelwinkel eines Vierecks von SACCHERI auftritt. Nun folgt aber aus dem Vorangehenden, daß $\sphericalangle CDQ$ und $\sphericalangle ABD$ immer von derselben Art sind, denn wir benützen hier die Bemerkung, daß der Beweis auch gilt, wenn $\sphericalangle Q$ stumpf (bzw. bei der Hypothese vom stumpfen Winkel spitz) ist; der Winkel bei B ist also von derselben Art wie $\sphericalangle CDQ$, d. h. der Satz gilt für $p+1$, wenn er für p gilt; er gilt aber für $p=1$, also gilt er tatsächlich für jedes p. Um nun zu beweisen, daß er auch dann noch gilt, wenn das Verhältnis der Grundlinien nicht durch einen Bruch von der Form $\frac{p}{2n}$ ausgedrückt werden kann, brauchen wir nur die am Schlusse des vorigen Abschnittes gegebene Überlegung zu wiederholen, und damit ist dann endlich der Satz in voller Allgemeinheit bewiesen; denn haben wir zwei Vierecke mit verschiedenen Grundlinien und Höhen, dann konstruieren wir ein drittes, das die Basis des einen und die Höhe des andern hat; dieses hat mit jedem der beiden Vierecke Scheitelwinkel von der gleichen Art, also haben auch die beiden gegebenen Vierecke Scheitelwinkel von derselben Art.

Wir wollen nun darauf hinweisen, daß man jetzt erst feststellen kann, daß in Fig. 16, S. 105, $AC > PQ$; wir haben bei dem dort gegebenen Beweise nämlich stillschweigend vom Satze Gebrauch gemacht, daß alle Vierecke von SACCHERI dieselbe Art von Scheitelwinkeln besitzen.

Wir machen nun gleich von dem soeben bewiesenen Satze Gebrauch, um eine neue fundamentale Tatsache zu zeigen, nämlich die folgende. *In jedem geradlinigen Dreieck ist die Summe der*

30. Zwei Vierecke von Saccheri mit derselben Höhe usw. 111

Winkel kleiner, gleich oder größer als zwei Rechte, je nachdem die Hypothese vom spitzen, rechten oder stumpfen Winkel gilt.

Beweis. Es sei in Fig. 18 D die Mitte von AB und E die Mitte von AC; verbinde D mit E und fälle von den Eckpunkten des Dreiecks die Senkrechten auf die Verbindungslinie; $\triangle AA'D$ ist dann $\cong \triangle BB'D$ ($AD = BD$, die Winkel bei D sind gleich, die Winkel bei A' und B' rechte); daraus folgt offenbar ganz unabhängig vom fünften

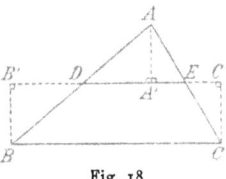

Fig. 18

Postulat, daß die beiden Dreiecke zur Deckung gebracht werden können. Aus demselben Grunde ist $\triangle AA'E \cong \triangle CC'E$, und aus dieser Kongruenz folgt:

$$\sphericalangle DAA' = \sphericalangle DBB',$$
$$\sphericalangle EAA' = \sphericalangle ECC'.$$

Die Summe der Winkel von $\triangle ABC$ ist also offenbar gleich der Summe von $\sphericalangle B'BC$ und $\sphericalangle C'CB$. Nun ist offenbar $BB'C'C$ ein Viereck von SACCHERI mit der Grundlinie nach oben gekehrt, denn $\sphericalangle B' = \sphericalangle C' = 90°$, und $BB' = CC' = AA'$; je nachdem also die Hypothese vom spitzen, rechten oder stumpfen Winkel gilt, ist $\sphericalangle B'BC + \sphericalangle C'CB \lesseqgtr 180°$, wodurch der Satz bewiesen ist.

Nebenbei folgt aus dem Beweise zugleich, daß *der Inhalt von $\triangle ABC$ gleich dem des Vierecks $BB'C'C$ ist.*

Damit erhält man überdies die richtige Einsicht in zwei Sätze, die den Namen des berühmten französischen Mathematikers LEGENDRE (Paris 1752—1833) tragen, der sich auf einem ganz andern Gebiet der mathematischen Wissenschaft unvergängliche Verdienste erworben hat, nämlich in der Theorie der EULERschen und elliptischen Integrale, aber der sich zugleich ernstlich mit den Grundlagen der Geometrie beschäftigt hat und 1794 ein Buch mit dem Titel: ,,Éléments de géométrie" herausgegeben hat, das eine große Anzahl von Auflagen erlebt hat, und also damals in hohem Ansehen stand. Die Sätze, die wir hier meinen, waren wohl auch schon von SACCHERI bewiesen worden, doch das konnte LEGENDRE unmöglich bekannt sein, da SACCHERI zu jener Zeit ein vergessener Mann war (vgl. Abschn. 27, S. 102); wir wollen sie in dem folgenden Abschnitt besprechen.

31. Die Sätze von Legendre, Riemann und Gauß.

Es gibt zwei Sätze von SACCHERI-LEGENDRE, nämlich 1.: *Die Summe der Winkel eines geradlinig begrenzten Dreiecks kann niemals größer sein als zwei Rechte*, und 2.: *Wenn in einem Dreieck die Summe der Winkel 180° beträgt, dann beträgt sie in allen möglichen Dreiecken 180°, und es gilt daher die Geometrie von EUKLID*.

Nun wissen wir aus dem Vorhergehenden, daß der erste Satz unrichtig ist; denn wenn die Hypothese vom stumpfen Winkel gilt, dann ist die Summe der Winkel eines geradlinig begrenzten Dreiecks größer als 180°; SACCHERI und LEGENDRE haben sich also in dieser Hinsicht geirrt, aber... sie hatten dann auch vorher gezeigt, oder glaubten wenigstens gezeigt zu haben, daß die Hypothese vom stumpfen Winkel zu Widersprüchen führe und daher verworfen werden müsse. Und tatsächlich, die Hypothese vom stumpfen Winkel führt, wie wir bald sehen werden, notwendig zur Folgerung, daß das sechste Postulat nicht mehr ohne Ausnahme gilt; daß es zwar immer noch unendlich viele Punktepaare gibt, die nur eine Gerade bestimmen, aber daß es zu jedem willkürlich gewählten Punkte einen andern, den wir seinen **Gegenpunkt** nennen wollen, gibt, der ihm so zugeordnet ist, daß durch einen Punkt und seinen Gegenpunkt unendlich viele Geraden gehen. Diese Folgerung glaubten nicht nur SACCHERI und LEGENDRE, sondern sogar LOBATSCHEFSKIJ und BOLYAI verwerfen zu müssen, die doch die eigentlichen Begründer der neuen Geometrie sind; *die Geometrie von LOBATSCHEFSKIJ und BOLYAI ist ja die Geometrie, die zur Hypothese vom spitzen Winkel gehört.*

Man kann sich gegenwärtig wundern, daß so scharfsinnige Forscher wie die oben genannten die Hypothese vom stumpfen Winkel einhellig verwerfen zu dürfen glaubten, wo doch das Vorbild

31. Die Sätze von Legendre, Riemann und Gauß

einer Geometrie, die auf dieser Hypothese beruht, zum Greifen nahelag, nämlich die Geometrie auf der Kugel, wenn man nur den Begriff „Gerade" durch den Begriff „Großkreis auf der Kugel" ersetzt. In einem Dreieck, das von drei Großkreisen gebildet wird, ist die Summe der Winkel tatsächlich stets größer als zwei Rechte; durch zwei Punkte ist im allgemeinen ein Großkreis bestimmt, aber durch einen Punkt und seinen „Gegenpunkt", nämlich den andern Endpunkt des Durchmessers, der vom ersten Punkte ausgeht, gehen unendlich viele; in jeder Hinsicht also die Geometrie der Hypothese vom stumpfen Winkel. „Höchst interessant," wird man sagen, „aber . . . ein Großkreis auf der Kugel ist eben keine gerade Linie", und so haben SACCHERI und die anderen offenbar auch gedacht. Wir aber dürfen, so paradox es auch klingen mag, im Ernst die Frage stellen: „Ist es wirklich so vollkommen sicher, daß ein Großkreis auf einer Kugel keine Gerade ist?" Was wissen wir eigentlich, genau genommen, von der geraden Linie? Doch nichts anderes (s. Abschn. 4, S. 13) als daß wir annehmen, daß es Figuren gibt, die durch zwei Punkte bestimmt sind, und daß wir verabredet haben, solche Figuren gerade Linien zu nennen. Nun haben wir uns durch unsere Betrachtungen im ersten Kapitel schon einigermaßen daran gewöhnt, uns in den Gedankengang von Wesen zu versetzen, die andere Räume als wir bewohnen; denken wir uns also in den Zustand von Wesen hinein, deren Weltall die Oberfläche einer Kugel ist. In ihrem Raume gibt es Figuren, die durch zwei willkürlich gewählte Punkte bestimmt sind; wenn sie also denselben Definitionen folgen wie wir, dann werden sie diese Figuren Geraden nennen müssen, und es wird ihnen durchaus unmöglich sein, sich eine Vorstellung davon zu machen, was wir Geraden nennen; denn unsere Geraden sind in ihrem Raume nicht möglich. Sie werden aber beim Studium ihres Raumes die Entdeckung machen müssen, daß ihre Gerade nur im allgemeinen durch zwei Punkte bestimmt ist, jedem Punkt hingegen ein bestimmter anderer so zugeordnet ist, daß durch zwei solche einander zugeordnete Punkte unendlich viele Geraden gehen. Ferner werden sie finden, daß in ihren geradlinig begrenzten Dreiecken die Winkelsumme stets größer als ein gestreckter Winkel ist, und zwar um so größer, je größer das Dreieck selbst ist, und sie werden beweisen, daß ihre Geraden zwar unendlich sind in dem Sinne, daß sie keinen Anfang und kein Ende haben, aber geschlossen und eine endliche Länge haben und ebenso, daß ihr Weltraum unendlich ist, aber nur eine endliche Anzahl Flächeneinheiten enthält. Ihre Geometrie ist auf die Hypothese vom stumpfen Winkel gegründet, und das sechste Postulat, daß also zwei Geraden keinen Raum einschließen oder einander nur in einem Punkte schneiden, gilt nur bedingt, nämlich nur dann, wenn sie sich auf einen Teil ihres Raumes von solcher Ausdehnung beschränken, daß innerhalb desselben kein Gegenpunkt eines Punktes liegt.

Aus diesem einfachen Beispiel folgt die ungemein wichtige Tatsache, daß die Gerade nicht immer dieselbe Figur ist, sondern ihre Gestalt im Gegenteil von der Eigenart des Raumes abhängt, in welchem sie sich befindet; und dies zuerst ausgesprochen und genau angegeben zu haben, welches die Eigenart des Raumes ist, die die Gestalt der Geraden bestimmt, ist das Verdienst BERNHARD RIEMANNS (1826—1866), des genialen Schülers von GAUSS, der, so jung er auch gestorben ist, fast allein die Richtung der mathematischen Untersuchung während der zweiten Hälfte des 19. Jahrhunderts bestimmt hat. In einer berühmt gewordenen Rede mit dem Titel: „Über die Hypothesen, welche der Geometrie zugrunde liegen", gehalten in Göttingen als Antrittsrede seiner Privatdozentur in der Mathematik an der Göttinger Universität, hat RIEMANN in Gegenwart von GAUSS, wenn auch nur skizzenhaft und in selbst für Eingeweihte nur schwer begreiflichen Worten, angegeben, wie die unmittelbare Umgebung eines Punktes in einem Raume von n Dimensionen durch $\frac{n(n-1)}{1\cdot 2}$ Zahlen charakterisiert werden kann, die jede für sich nichts anderes ist, als das durch GAUSS in der Flächentheorie eingeführte sogenannte „Krümmungsmaß" (1: das Produkt der beiden Hauptkrümmungsradien der Fläche in dem betrachteten Punkte); haben nun alle diese Zahlen denselben Wert und ändert sich dieser überdies nicht,

31. Die Sätze von Legendre, Riemann und Gauß

wenn man zu einem andern Punkt des Raumes übergeht, dann spricht man von einem Raum von „konstantem Krümmungsmaß", und dieses kann positiv, null oder negativ sein. Ist es null, dann haben wir mit einem Raum zu tun, in dem die euklidische Geometrie gilt; ist es negativ, dann gilt die Geometrie von LOBATSCHEFSKIJ-BOLYAI, die Geometrie also der Hypothese vom spitzen Winkel; und ist es positiv, so gilt die von SACCHERI, LEGENDRE und anderen für unmöglich gehaltene Geometrie der Hypothese vom stumpfen Winkel, eine Geometrie, die wir gegenwärtig die RIEMANNsche nennen.

GAUSS muß sich nach Ablauf der von RIEMANN gehaltenen Rede seinem Kollegen WILHELM WEBER, dem berühmten Physiker, gegenüber in begeisterten Worten über die Tiefe der Gedanken ausgesprochen haben, die RIEMANN in seiner Rede entwickelt hatte, und wenn jemand, so war GAUSS auch auf diesem Gebiete der berufenste Kritiker, denn, es möge unglaublich klingen oder nicht, es steht fest, daß GAUSS schon ungefähr 30 Jahre vor LOBATSCHEFSKIJ und BOLYAI die nicht-euklidische Geometrie entdeckt hatte! Aus seinem wissenschaftlichen Nachlaß, insbesondere aus seinen mit größter Genauigkeit geführten Tagebüchern folgt dies unumstößlich; und möge auch zu seinen Lebzeiten der eine oder andere gezweifelt haben, als er sagte, daß er die neue Geometrie schon mehr als 30 Jahre in seinem Besitz hatte, nach dem Bekanntwerden der Tagebücher sind alle Zweifel in dieser Hinsicht ausgeschlossen. Warum hat GAUSS über eine Entdeckung von so unsagbarer Bedeutung sein Leben lang das Stillschweigen bewahrt? Man weiß es nicht sicher. Als man ihn fragte, war seine einzige Antwort, daß er zur Zeit der Entdeckung „das Geschrei der Böotier gefürchtet hat", womit er ausdrücken wollte, daß damals die Welt für solche Gedanken noch nicht reif war und er durch voreilige Kritik u. dgl. belästigt worden wäre; ob dies tatsächlich der Grund und der einzige Grund gewesen ist, wird sich wohl schwerlich mehr feststellen lassen. Aber es ist wohl sicher ein Unikum und das vollkommene Gegenteil von Reklamesucht, eine wissenschaftliche Entdeckung ersten Ranges geheimzuhalten und selbst dann noch nicht damit hervorzutreten und die Priorität in Anspruch zu nehmen, wenn nach Jahr und Tag andere damit vor die Öffentlichkeit treten; wahrhaftig, es wurde und wird noch täglich über Dinge von geringerer Bedeutung Prioritätsstreit geführt!

Kehren wir nach dieser Abschweifung, in der wir, wenn auch äußerst knapp, die Bedeutung der beiden Riesen GAUSS und RIEMANN für die nicht-euklidische Geometrie zu kennzeichnen versucht haben, noch kurz zu den beiden Sätzen von SACCHERI-LEGENDRE zurück.

Betrachtet man die Hypothese vom stumpfen Winkel als unmöglich, und erinnert man sich, daß die Winkelsumme in einem Dreieck gleich der der beiden Scheitelwinkel eines Vierecks von SACCHERI (Abschn. 30, S. 111) ist, dann ist es klar, daß die Summe niemals größer als 180^0 sein kann, womit der erste Satz bewiesen ist; und ist in einem Dreieck die Winkelsumme $\leq 180^0$, dann ist auch in dem zugehörigen Viereck (vgl. Fig. 18, S. 111) die Summe der Scheitelwinkel $\leq 180^0$; aber dann ist nach dem Hauptsatz, nämlich daß alle Vierecke von SACCHERI von derselben Art sind, dasselbe in allen Vierecken und daher auch in allen Dreiecken der Fall, womit der zweite Satz von SACCHERI-LEGENDRE bewiesen ist.

32. Die Hypothese vom rechten Winkel und die Geometrie von Euklid. Das archimedische Axiom.

Nachdem wir in den vorhergehenden Abschnitten den Hauptsatz über die Gleichartigkeit aller Vierecke von SACCHERI gezeigt

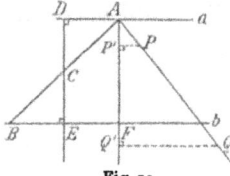

Fig. 19

und daraus die Sätze über die Winkelsumme eines Dreiecks abgeleitet haben, gehen wir nun dazu über, uns zu fragen, wie es in den drei verschiedenen Geometrien mit parallelen Geraden steht. Erst nehmen wir die Hypothese vom rechten Winkel an und setzen voraus, daß wir zwei Geraden a und b (Fig. 19), die von einer dritten AB geschnitten werden, so ge-

32. Die Hypothese vom rechten Winkel usw.

zogen haben, daß die Summe der Innenwinkel an derselben Seite der Schnittlinie gleich zwei Rechten ist, woraus also folgt $\sphericalangle DAC = \sphericalangle EBC$. Vom Mittelpunkt C der Strecke AB fällen wir die Senkrechte CD auf a; dann kann man leicht einsehen, daß diese Senkrechte mit b notwendig einen Punkt E gemeinsam hat und daß $\triangle ACD \cong \triangle BCE$. Trage nämlich das Stück CD von C aus nach unten auf und nenne den Endpunkt vorläufig E^*, dann ist in den $\triangle\triangle ACD$ und BCE^*:
$$AC = BC, \quad CD = CE^*, \quad \sphericalangle ACD = \sphericalangle BCE^*,$$
und daher sind diese Dreiecke kongruent, woraus folgt:
$$\sphericalangle CAD = \sphericalangle CBE^*.$$
Aber nach Voraussetzung ist
$$\sphericalangle CAD = \sphericalangle CBE,$$
also muß E^* auf b liegen und $\sphericalangle BEC$ ein rechter sein. Die Geraden a und b haben also eine gemeinschaftliche Senkrechte DE, woraus folgt, daß sie einander nicht schneiden können (vgl. Abschn. 26, S. 96); hätten sie nämlich einen Schnittpunkt rechts von DE, dann müßten sie links auch einen haben, und dies wäre in Widerspruch mit dem sechsten Postulat, auf dessen Gültigkeit sich alle vorhergehenden Entwicklungen stützen; nur wenn dieses Postulat gilt, gilt nämlich auch der Satz von den beiden spitzen Winkeln in einem rechtwinkligen Dreieck (vgl. Abschn. 28, S. 103) und auf diesen Satz gründet sich wieder der Beweis von der Gleichartigkeit aller Vierecke von SACCHERI.

Wir zeigen nun weiter, daß die Gerade a die einzige Gerade ist, die durch A so gelegt werden kann, daß sie b nicht schneidet. Hierzu ziehen wir durch A eine willkürliche Gerade AQ und überdies die Gerade AF, die in A senkrecht auf a steht; da das Viereck $ADEF$ drei rechte Winkel hat, müssen EF und AF wirklich einen Punkt F gemeinsam haben, während der Winkel F in diesem Punkte auch ein rechter ist; ferner nehmen wir auf AQ einen Punkt P willkürlich an. Wir müssen annehmen, daß dieser Punkt auf derselben Seite von b liegt wie A, denn wenn wir annehmen, daß er auch auf der andern Seite von b liegen kann, dann ist damit schon stillschweigend vorausgesetzt, daß AQ und b einander schneiden, was gerade bewiesen werden soll.

Fälle von P die Senkrechte PP' auf AF, dann muß es, da AF einen Punkt mit b gemein hat, möglich sein, das Stück AP' so oft auf AF aufzutragen, bis wir schließlich zu einem Punkt Q' kommen, der auf der andern Seite von b liegt als A; dies soll geschehen, wenn $AQ' = n \cdot AP'$. Trage nun auch das Stück AP n-mal auf der Gerade AQ auf; der Endpunkt sei Q; dann werden wir beweisen, daß QQ' die Senkrechte von Q aus auf AF ist und daß daraus folgt, daß Q notwendig auf der andern Seite von b liegt als A, womit dann bewiesen ist, daß AQ zwischen den Punkten A und Q die Gerade b geschnitten haben muß. Hierzu betrachten wir Fig. 20.

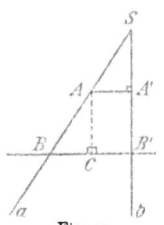
Fig. 20

Es sei $SA = AB$ und die Winkel bei A' und B' seien rechte. Sind auch die Winkel bei C rechte, dann ist $ACB'A'$ ein Viereck von LAMBERT (Abschn. 27, S. 102) mit drei rechten Winkeln, also ist in unserem gegenwärtigen Falle auch der vierte recht, woraus folgt, daß $\sphericalangle BAC$ und $\sphericalangle SAA'$ Komplementärwinkel und daher $\sphericalangle BAC$ und $\sphericalangle ASA'$ gleich sind, denn auch $\sphericalangle ASA'$ ist der Komplementärwinkel von $\sphericalangle SAA'$, weil in $\triangle ASA'$ die Winkelsumme $=$ zwei Rechten und $\sphericalangle A'$ ein rechter ist. Daraus folgt die Kongruenz der Dreiecke SAA' und ABC ($SA = AB$, $\sphericalangle S = \sphericalangle A$, $\sphericalangle A' = \sphericalangle C = 90^0$), und daraus wieder $SA' = AC$. Aber in einem Viereck mit vier rechten Winkeln sind die gegenüberliegenden Seiten paarweise gleich (Abschn. 28, S. 104), also ist $A'B' = SA'$ und dieses Resultat wünschen wir zu besitzen, weil es uns unmittelbar sehen läßt, daß in Fig. 19 Q' wirklich die Projektion von Q und daher $\sphericalangle Q'$ ein rechter ist. Dies ist aber nur dann möglich, wenn Q auf derselben Seite von b liegt wie Q'; denn läge es auf der andern Seite, und hätten also QQ' und b einen Punkt S gemein, dann würden SQ' und SF beide zugleich senkrecht auf AF stehen, was unmöglich ist. Die Gerade AQ hat also zwischen A und Q einen Punkt mit b gemein; q. e. d.

32. Die Hypothese vom rechten Winkel usw.

Die Gerade a ist also die einzige Gerade durch A, die b nicht schneidet; ferner ist $AF = DE$, und man beweist auch leicht aus den Eigenschaften des Vierecks mit drei rechten Winkeln, daß a und b unendlich viele gemeinschaftliche Senkrechten haben, die alle gleich lang sind, während wir, die Betrachtungen von Fig. 20 weiterverfolgend, leicht die Proportionalität von Strecken und damit die Ähnlichkeit von Dreiecken ableiten. Dabei muß ausdrücklich bemerkt werden, daß Ähnlichkeit von Dreiecken, d. h. die Eigenschaft gleiche Winkel bei verschiedenem Inhalt zu haben, nur in der euklidischen Geometrie möglich ist; in den anderen Geometrien nämlich hängt, wie wir später noch genauer ausführen werden, die Winkelsumme eines Dreiecks vom Inhalt ab, sodaß zwei Dreiecke nur dann dieselben Winkel haben können, wenn sie denselben Inhalt haben; dann aber läßt sich zeigen, daß sie kongruent sind.

Zum Schlusse noch eine andere Bemerkung. Wir haben beim Beweise des Hauptsatzes dieses Abschnittes (Fig. 19) behauptet, daß es, da AF und b einen Punkt gemein haben, möglich sein muß, das Stück AP' so oft auf AF aufzutragen, bis man endlich einen Punkt Q' erreicht, der auf der anderen Seite von F liegt als A. Kein Leser wird hier wahrscheinlich etwas einzuwenden gehabt haben, und in der Tat, es scheint „selbstverständlich". Hinsichtlich „selbstverständlicher" Dinge sind wir aber allmählich wohl etwas vorsichtiger geworden; das fünfte Postulat und nicht weniger das sechste und eine Reihe von anderen Dingen waren früher selbstverständlich und sind es jetzt nicht mehr, haben sich im Gegenteil als Quellen großer Schwierigkeiten ergeben. So ist auch die Eigenschaft, von der hier die Rede ist, und die man kurz folgendermaßen ausdrücken kann: „*sind auf einer Gerade zwei Punkte A und B gegeben und trägt man eine willkürlich gewählte Strecke s von A aus in der Richtung B immer wieder auf, dann kommt man nach einer endlichen Anzahl von Wiederholungen dieses Vorganges sicher zu einem Punkte C, der auf der anderen Seite von B liegt als A*", ... so ist also diese Eigenschaft, wie gesagt, auch durchaus nicht selbstverständlich.

Warum ist sie selbstverständlich? „Weil", so lautet die Antwort, „zwei Punkte A und B auf einer Gerade einen endlichen Abstand haben." Aber das will doch nichts anderes sagen, als daß wir die Längeneinheit, also auch eine Strecke s, nur eine endliche Anzahl von Malen auf AB auftragen können, sodaß wir, wie es so oft bei dergleichen Fragen der Fall ist, bei der Erklärung, die wir geben, unbewußt Gebrauch von dem machen, was erst erklärt werden muß. Genug, die vorliegende Eigenschaft ist durchaus nicht selbstverständlich, was man gezeigt hat, indem man Geometrien aufstellte, in denen sie nicht gilt.

Man hat ihr den Namen „archimedisches Axiom" gegeben; mit Unrecht, denn erstens nennt ARCHIMEDES sie nicht ein Axiom, sondern ein „Lemma", einen Hilfssatz, und zweitens erwähnt er ausdrücklich, daß schon die „Alten" (wahrhaftig, alles ist nur relativ auf dieser Welt!) dieses Lemma, oder eigentlich das Analoge für Flächen, gebrauchten, um zu beweisen, daß die Inhalte zweier Kreise sich wie die Quadrate über ihren Durchmessern verhalten; es scheint von ARISTOTELES zu stammen, der hundert Jahre früher lebte als ARCHIMEDES.

Man nennt die Geometrien, in denen das Axiom von ARCHIMEDES nicht gilt, *nicht-archimedisch*; die drei Geometrien, die wir hier in diesem Lehrbuche behandeln, sind also alle archimedische.

33. Die Hypothese vom spitzen Winkel, und die Geometrie von Lobatschefskij-Bolyai.

Wir gehen zur Hypothese vom spitzen Winkel über und wollen dem Weg folgen, den LOBATSCHEFSKIJ selbst in einem seiner Werke, das den Titel führt: „Geometrische Untersuchungen über die Theorie der parallelen Geraden" (ursprünglich russisch geschrieben und 1840 erschienen), eingeschlagen hat, um Klarheit in der Frage der parallelen Geraden in der nach ihm und JOHANN BOLYAI genannten Geometrie zu erhalten.

33. Die Hypothese vom spitzen Winkel, und die Geometrie usw. 121

Es seien in Fig. 21 eine Gerade l und ein Punkt O außerhalb der Gerade gegeben. Fälle von O die Senkrechte OA auf l; verbinde O mit einem willkürlichen andern Punkt B von l, halbiere OB, fälle vom Mittelpunkt C die Senkrechte CD auf l und verlängere DC über C hinaus um ein Stück $CE = CD$; dann ist $\triangle BCD \cong \triangle OCE$ ($BC = OC$, $DC = CE$, und die Winkel bei C sind gleich), und daher ist $\sphericalangle E = 90^0$, so daß OF und AB die gemeinsame Senkrechte DE haben

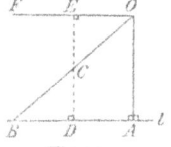

Fig. 21

und einander daher, da das sechste Postulat gelten soll (RIEMANN ist ja der erste gewesen, der eingesehen hat, daß auch dieses, wenn nötig, verworfen werden kann), nicht schneiden können.

Nun das Umgekehrte. Es sei OF eine Gerade, die mit l eine Senkrechte DE gemein hat; verbindet man O mit dem Mittelpunkt C von DE, so wird OC sicher mit l einen Punkt B gemeinsam haben; denn màcht man $CB = CO$, so ist $\triangle OCE \cong \triangle BCD$ ($CO = CB$, $CD = CE$, und die Winkel bei C sind gleich), und daher ist $\triangle BDC = \triangle OEC = 90^0$, woraus folgt, daß B auf l liegt.

Dies alles ist unabhängig von der Hypothese, die zugrunde liegt, und gilt daher u. a. auch in der euklidischen Geometrie; doch nun kommt der Unterschied.

Variiert man die Gerade OB und wiederholt jedesmal die angegebene Konstruktion, so findet man in der Geometrie EUKLIDS immer dieselbe Gerade OF, weil man ja immer nur eine Gerade durch O ziehen kann, die l nicht schneidet; *in der Geometrie von LOBATSCHEFSKIJ-BOLYAI dagegen gehört zu jeder Gerade OB eine andere Gerade OF, sodaß durch O unendlich viele Geraden gehen, die l nicht schneiden.*

Dies beweisen wir folgendermaßen. Es sei in

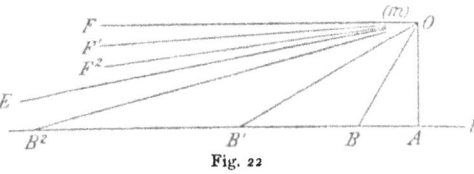

Fig. 22

Fig. 22 OF die Gerade, die in dem oben erwähnten Sinne OB zugeordnet ist; OF und l besitzen dann eine gemeinschaftliche

II. Nicht-euklidische Geometrie

Senkrechte, und deren Mitte liegt auf OB (vgl. Fig. 21, der wir noch die Eigenschaft entnehmen wollen, daß $\sphericalangle ABO = \sphericalangle FOB$, also daß die Wechselwinkel einander gleich sind).

Mache nun $BB_1 = BO$, sodaß $\triangle BB_1O$ gleichschenklig wird. Fällt man von B aus die Senkrechte auf B_1O und beweist man, daß die beiden rechtwinkligen Dreiecke, die dadurch entstehen, kongruent sind, so überzeugt man sich, daß die Winkel an der Basis gleich groß sind. Nun ist die Winkelsumme eines Dreiecks in unserem gegenwärtigen Falle kleiner als zwei Rechte, dagegen die Summe des Winkels bei B und seines Außenwinkels **gleich** zwei Rechten, also ist:

$$\sphericalangle ABO = \sphericalangle BOF > \sphericalangle BB_1O + \sphericalangle BOB_1 \text{ oder}$$
$$\sphericalangle ABO = \sphericalangle BOF > 2 \sphericalangle BOB_1, \text{ oder } \sphericalangle FOB_1 > \sphericalangle BOB_1.$$

Ist OF_1 die Gerade, die OB_1 zugeordnet ist, dann findet man OF_1 nach dem vorhergehenden, indem man $\sphericalangle F_1OB_1 = \sphericalangle AB_1O$ macht, also, was nun in diesem Falle dasselbe bedeutet (da ja $\sphericalangle AB_1O = \sphericalangle BOB_1$), indem man OB in bezug auf OB_1 spiegelt; $\sphericalangle BOF_1$ ist also $= 2 \sphericalangle B_1OB$, also $\sphericalangle B_1OF_1 = \sphericalangle B_1OB$ und daher $\sphericalangle B_1OF_1 < \sphericalangle B_1OF$, woraus folgt, daß OF_1 nun *nicht* mit OF zusammenfällt, sondern so gelegen ist, wie die Figur es andeutet. Wir wollen ausdrücklich hervorheben, daß, da OB_1 die Winkelhalbierende von $\sphericalangle BOF_1$ ist, $\sphericalangle AOF_1 > \sphericalangle AOB$ ist.

Wir gehen nun auf dem eingeschlagenen Wege weiter, machen also $B_1B_2 = B_1O$ und konstruieren die zu OB_2 zugeordnete Gerade OF_2, indem wir OB_1 in bezug auf OB_2 spiegeln; $\sphericalangle B_1OF_2$ ist dann gleich der Winkelsumme an der Basis des gleichschenkligen Dreiecks B_1OB_2, also $= 2 \sphericalangle B_1OB_2$ und daher $< \sphericalangle AB_1O$ der $= \sphericalangle B_1OF_1$ ist, woraus folgt:

$$\sphericalangle B_1OF_2 < \sphericalangle B_1OF_1,$$

sodaß auch OF_2 wieder von OF_1 verschieden ist und so liegt, wie die Figur es angibt. Da aber OB_2 die Halbierende des $\sphericalangle B_1OF_2$ ist, ist $\sphericalangle AOF_2 > \sphericalangle AOB_1$ und also a fortiori $> \sphericalangle AOB$.

Das hier nun zweimal durchgeführte Verfahren kann man

33. Die Hypothese vom spitzen Winkel, und die Geometrie usw.

unbegrenzt fortsetzen, da in der Geometrie von LOBATSCHEFSKIJ-BOLYAI, wie übrigens in jeder Geometrie, in welcher das sechste Postulat gilt, die Gerade sich nach beiden Seiten ins Unendliche erstreckt. Haben nämlich zwei Geraden niemals mehr als einen Punkt gemein, und gehen von diesem Punkte längs der einen Gerade zwei Punkte in entgegengesetzter Richtung aus, dann können sie nie mehr zusammenkommen, weil sie stets auf verschiedenen Seiten der anderen Gerade liegen und wir nach wie vor annehmen, daß die Gerade die Ebene in zwei vollkommen getrennte Teile teilt; jeder der beiden Punkte muß sich also unbegrenzt vom Ausgangspunkt entfernen. Da wir also tatsächlich das oben angewandte Verfahren ad infinitum wiederholen können, erhalten wir:

1. eine unendliche Reihe von Geraden OB_n ($n = 0, 1, 2, \ldots$), die mit l einen Punkt gemeinsam haben und die wir ,,Schneidende'' nennen werden; sie liegen so, daß der Winkel, den sie mit OA einschließen, für jede folgende Gerade größer ist als für die vorausgehende;
2. eine unendliche Reihe von Geraden OF_n ($n = 0, 1, 2, \ldots$), die mit l keinen Punkt gemeinsam haben und die wir ,,Nichtschneidende'' nennen wollen; sie liegen so, daß der Winkel, den sie mit OA einschließen, für jede folgende Gerade kleiner als für die vorangehende ist.

Wir haben aber oben ausdrücklich gezeigt, daß jeder Winkel AOF_k größer ist als jeder $\sphericalangle AOB_l$; die beiden Gruppen sind also voneinander vollkommen getrennt und nähern sich mehr und mehr, sogar so, daß der Winkel zwischen einer Schneidende und einer Nichtschneidende kleiner gemacht werden kann als jeder beliebige noch so kleine Winkel φ. Tatsächlich ist nach dem obigen $\sphericalangle B_1OF_1 = \sphericalangle AB_1O$, $\sphericalangle B_2OF_2 = \sphericalangle AB_2O$ usw. ad infinitum; aber da $\sphericalangle AB_1O$ als Außenwinkel des gleichschenkligen Dreiecks B_1B_2O größer als die Summe der beiden nicht anliegenden Innenwinkel ist, ist $\sphericalangle AB_1O$ sicher auch größer als $\sphericalangle AB_2O$ usw. Der Winkel AB_nO nähert sich also unbegrenzt der Null, und damit auch der Winkel B_nOF_n, der ihm gleich ist;

nähern sich aber OB_n und OF_n unbegrenzt, dann müssen sie notwendig derselben Grenzlage zustreben, d. h. *es muß eine vollkommen bestimmte Gerade OE geben, die die Grenze zwischen den Schneidenden und den Nichtschneidenden bildet*; sie selbst ist natürlich eine Nichtschneidende, denn hätte sie auch noch einen Punkt B_n mit l gemein, dann könnte man unmittelbar noch unendlich viele andere Schnittlinien $OB_{n+1}, OB_{n+2}, \ldots$ konstruieren; *OE ist also die letzte Nichtschneidende, und jede Gerade OF, für welche* $\angle AOF > \angle AOE$ *ist, ist eine Nichtschneidende, jede Gerade OB, für welche* $\angle AOB < \angle AOE$ *ist, ist eine Schneidende;* LOBATSCHEFSKIJ *hat die Gerade OE parallel zu l genannt.*

$\angle AOE$ ist sicher $< 90^0$, denn erstens wissen wir schon lange, daß die Senkrechte in O auf AO errichtet eine Nichtschneidende ist, und überdies ist schon jeder Winkel $AOF_n < 90^0$; $\angle BOF$ z. B. ist ja gleich dem $\angle ABO$, und daher

$$\angle AOF = \angle AOB + \angle ABO;$$

aber im rechtwinkligen Dreieck ABO ist die Summe der Winkel $< 180^0$, also die Summe der beiden spitzen Winkel $< 90^0$. Ferner kann die Gerade OE nur vom Abstand OA abhängen und nicht von der Gerade OB, mit deren Hilfe wir sie gefunden haben; gäbe es nämlich *zwei* Geraden OE, dann würden die Geraden dazwischen zugleich Schneidende und Nichtschneidende sein müssen, was unmöglich ist. Und endlich dürfen wir nicht vergessen, daß wir von Fig. 22 auch noch das Spiegelbild in bezug auf OA nehmen können und auf diese Weise eine zweite Gerade OE finden, sodaß wir sagen können, daß *in der Geometrie von* LOBATSCHEFSKIJ-BOLYAI *alle Geraden durch O in bezug auf eine willkürlich gewählte Gerade l in zwei Gruppen zerfallen; nämlich in eine Gruppe Schneidende und eine Gruppe Nichtschneidende, getrennt durch die beiden Geraden durch O, die parallel zu l sind.*

Da die beiden Geraden durch $O \parallel l$ einigermaßen an die Asymptoten einer Hyperbel erinnern, nennt man die Geometrie von LOBATSCHEFSKIJ-BOLYAI auch wohl *hyperbolische Geometrie*, im Gegensatz zu der von RIEMANN, die dann die *elliptische*, und von EUKLID, die die *parabolische* genannt wird.

LOBATSCHEFSKIJ, in welchem GAUSS, nach einem Brief vom 28. November 1846 an seinen Freund SCHUMACHER, ,,einen echten Geometer" erkannte, hat natürlich nicht aufgehört, seine Theorie der parallelen Geraden mit aller Genauigkeit auszuarbeiten und mit Sorgfalt zu konsolidieren. So ist es hier sicher nicht überflüssig anzugeben daß, wenn $OE \parallel l$ ist, auch umgekehrt $l \parallel OE$ ist; daß, wenn wir auf OE einen Punkt O' annehmen, OE auch für diesen Punkt eine von den beiden parallelen Geraden ist; daß zwei Geraden, die jede für sich parallel zu einer dritten sind, auch untereinander parallel sind; daß der Abstand von OE und l beliebig klein gemacht werden kann (was vom Limes einer Schnittlinie auch nicht anders zu erwarten ist) und die beiden parallelen Geraden durch O sich also tatsächlich wie die beiden Asymptoten einer Hyperbel verhalten; daß zwei Nichtschneidende dagegen eine gemeinsame Senkrechte haben und von dieser nach beiden Seiten auseinanderlaufen (vgl. Fig. 16 S. 105) usw. usw. Unserem Vorsatz getreu, die Dinge, die wir behandeln, nur zu berühren, nicht zu erschöpfen, gehen wir an allen diesen Beweisen mit Stillschweigen vorbei, indem wir den Leser für weitere Einzelheiten auf das kurzgefaßte Büchlein von P. BARBARIN: ,,La géométrie non euclidienne", Collection Scientia No. 15, Paris, C. Naud, 1902, verweisen, sowie auf das ausführlichere von H. LIEBMANN: ,,Nichteuklidische Geometrie", 2. Auflage, Sammlung Schubert XLIX, G. J. Göschen, Leipzig 1912.

34. Die Hypothese vom stumpfen Winkel und die Geometrie von Riemann.

In diesem neuen Abschnitt behandeln wir die dritte Möglichkeit, die noch besteht, nämlich die Hypothese vom stumpfen Winkel, und wir fragen von neuem, wie es sich da mit etwaigen parallelen Geraden verhält. Der Hauptsatz, der hier zu beweisen ist, ist dieser: *In der Geometrie von RIEMANN gibt es überhaupt keine parallelen Geraden, d. h. alle Geraden schneiden sich.*

Um diesen Satz zu beweisen, betrachten wir Fig. 23, in der wir angenommen haben, daß AB und PQ zwei willkürlich gewählte Geraden sind. Wir trachten, wenn irgend möglich, das sechste Postulat aufrechtzuerhalten, nehmen auf der einen Gerade einen Punkt A willkürlich an und fällen von ihm aus die Senkrechte AP auf die andere; die Winkel bei A werden dann im allgemeinen nicht Rechte sein, und wenn dies so ist, dann ist notwendig einer von beiden spitz; es sei dies $\sphericalangle PAB$. Doch auch wenn die Winkel bei A zufällig Rechte wären, so schadet dies nichts.

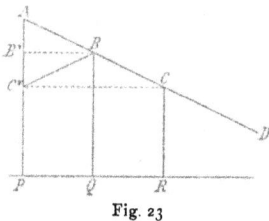

Fig. 23

Fällen wir dann nämlich von einem anderen willkürlich gewählten Punkt B die Senkrechte BQ, dann würde $APQB$ ein Viereck von LAMBERT sein, d. h. ein Viereck mit drei rechten Winkeln, und es würde daher $\sphericalangle ABQ$ notwendig stumpf sein und daher $\sphericalangle CBQ$ spitz; statt des Punktes A würden wir dann den Punkt B als Ausgangspunkt wählen. Wir können also annehmen, daß $\sphericalangle PAB$ spitz sei.

Es sei nun B tatsächlich ein zweiter willkürlich gewählter Punkt, und es sei ferner eine Reihe anderer Punkte $C, D, E, \ldots$ so gewählt, daß $PQ = QR = RS =$ usw. (daß dies möglich ist, folgt aus der Tatsache daß, wenn C sich von B nach rechts entfernt, auch R von Q sich nach rechts entfernt; ginge nämlich R nach links, dann würden CR und BQ einen Punkt zwischen B und Q gemeinsam haben, von dem aus zwei Senkrechten auf die Gerade PR gefällt wären, was dem sechsten Postulat widerspricht); wir zeigen nun zunächst, daß $AP > BQ > CR >$ usw. ist, womit dann zwar bewiesen ist, daß die beiden Geraden auf der Seite der Schnittlinie AP, wo die Summe der Innenwinkel kleiner als zwei Rechte ist, sich immer mehr nähern, aber natürlich nicht, daß sie einander schneiden; ihr Abstand könnte sich ja asymptotisch der Null nähern, wie dies bei parallelen Geraden in der hyperbolischen Geometrie der Fall war; es kommt gerade darauf an zu zeigen, daß dies nicht der Fall ist und die beiden Geraden einen Punkt gemeinsam haben, der in endlichem Abstand von P gelegen ist.

34. Die Hypothese vom stumpfen Winkel, und die Geometrie usw.

Trägt man die Gerade QB auf PA auf, so daß $PB^* = QB$, dann ist PB^*BQ ein Viereck von SACCHERI und daher $\sphericalangle PB^*B$ stumpf, $\sphericalangle AB^*B$ spitz; $\sphericalangle A$ ist nach Voraussetzung auch spitz, daher muß die Senkrechte BB' (in der Figur nicht angegeben) von B auf AP gefällt, irgendwo zwischen A und B^* zu liegen kommen und die Aufeinanderfolge der Punkte daher notwendig diese sein: P, B^*, B', A, denn bei jeder anderen Annahme kommt man an irgendeiner Stelle mit dem Satze in Widerspruch, daß ein rechtwinkliges Dreieck zwei spitze Winkel hat, ein Satz, der auf der Gültigkeit des sechsten Postulates beruht (Abschn. 28, S. 103) und daher gilt, solange dieses Postulat Geltung hat. Aus all diesem folgt $PB^* < PA$.

Wir tragen jetzt auch RC auf PA auf und finden einen Punkt C^*, der nun natürlich wieder niedriger als B^* liegt, da wegen des soeben Gezeigten $RC < QB$ und also auch $RC > PB^*$ ist. Verbinden wir C^* mit B, dann ist offenbar das Viereck $PC^*BQ \cong RCBQ$, denn das letztere ist einfach um QB umgelegt; $\sphericalangle PC^*B = \sphericalangle RCB$ ist also stumpf, $\sphericalangle AC^*B$ deshalb spitz, und daher ABC^* ein Dreieck mit zwei spitzen Winkeln A und C^*. Diese Bemerkung, daß die Winkel bei A und C^* spitz sind, ist, wie wir sehen werden, für den Rest des Beweises von wesentlicher Bedeutung.

In der Geometrie von EUKLID zeigt man, daß AB^* und C^*B^* gleich lang sind; hier dagegen beweisen wir, daß C^*B^* größer ist als B^*A. Hierzu ist es nötig zu wissen, daß in $\triangle ABC^*$ der Winkel bei A größer ist als der bei C^*, was unmittelbar aus der Tatsache folgt, daß in einem Dreieck die Winkelsumme größer als zwei Rechte ist, in einem Viereck also größer als vier Rechte und also in einem Viereck mit zwei rechten Winkeln wie $PABQ$ die Summe der beiden nicht rechten Winkel wieder größer als zwei Rechte ist. Wir haben also:

$$\sphericalangle PAB + \sphericalangle ABQ > 180°,$$
$$\sphericalangle CBQ + \sphericalangle ABQ = 180°, \text{ daher}$$
$$\sphericalangle PAB > \sphericalangle QBC > \sphericalangle RCD \text{ usw.}$$

Nun ist ∢ AC^*B als Supplement von ∢ PC^*B, der gleich
∢ RCB ist, gleich ∢ RCD; also ist tatsächlich

$$∢ CA^*B > ∢ AC^*B,$$

und da auch hier, wie wir gleich genauer erklären werden, dem größeren Winkel auch die größere Seite gegenüberliegt, ist auch

$$C^*B > AB.$$

Dieser Satz beruht nämlich auf den Eigenschaften der gleichschenkligen Dreiecke (ist in Fig. 24 ∢ A > ∢ C, dann überträgt man ∢ C nach dem Punkt A, findet so das gleichschenklige Dreieck ADC, woraus folgt $AD = DC$ und sagt dann: nun ist $AB < AD + DB$, aber $AD = DC$, daher ist $AB < BD + DC$, d. h. $< BC$); aber die Eigenschaften der gleichschenkligen Dreiecke, also, daß gegenüber gleichen Seiten gleiche Winkel liegen

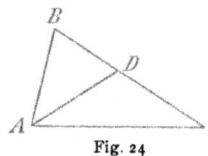

Fig. 24

und umgekehrt, gelten in jeder der drei Geometrien, und wäre es auch nur allein deshalb, weil jeder logische Grund fehlt, weshalb die eine Seite oder der eine Winkel im Falle der Ungleichheit größer oder kleiner sein sollte als der andere; und was den Satz $AB < AD + DB$ anbelangt, der läßt sich folgendermaßen beweisen. Ist ABC ein in C rechtwinkliges Dreieck mit den Seiten a, b, c, dann ist $c > a$ und $c > b$, denn trägt man $BC = a$ auf $BA = c$ ab, sodaß $BD = a$ wird, dann kommt D zwischen A und B zu liegen. △ BCD ist nämlich gleichschenklig, also sind die Winkel an der Basis spitz (vgl. Abschn. 28, S. 103), also ist ∢ BCD spitz, während ∢ BCA ein rechter ist; also liegt D zwischen A und B. Und fällt man nun in einem beliebigen Dreieck ABC das Lot CD von C auf AB, dann ist

$$AC > AD,$$
$$\underline{BC > BD,} \text{ daher}$$
$$AC + BC > AB.$$

Liegt D nicht zwischen, sondern außerhalb AB, so bleibt der Beweis gültig.

34. Die Hypothese vom stumpfen Winkel, und die Geometrie usw. 129

Es sei in Fig. 25 ABC ein Dreieck im Sinne von $\triangle ABC^*$ von Fig. 23, S. 126, also mit $\sphericalangle A$ und $\sphericalangle C$ spitz und $\sphericalangle A > \sphericalangle C$, also $AB < BC$. Halbiere nun den Scheitelwinkel B und lege die linke Hälfte der Figur um die Halbierungslinie um, dann kommt A in einen Punkt A^* zu liegen, der zwischen B und C gelegen ist, während ferner $\sphericalangle DA^*B = \sphericalangle DAB$ ist. Dieser Winkel ist voraussetzungsgemäß spitz, also sein Supplement DA^*C stumpf, während $\sphericalangle DCA^*$ auch voraussetzungsgemäß spitz ist; wir haben also:

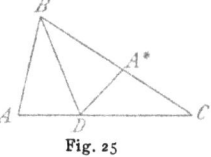

Fig. 25

$$\sphericalangle DA^*C > \sphericalangle DCA^*, \text{ und daher:}$$
$$DC > DA^*, \text{ oder:}$$
$$DC > DA.$$

Und können wir hier auch nicht wie in der euklidischen Geometrie zeigen, daß das Verhältnis zwischen AD und CD dasselbe ist, wie zwischen AB und CB, so können wir doch wohl beweisen, daß das kleinere Stück der Basis der kleineren Seite anliegt, obwohl wir ausdrücklich darauf aufmerksam machen, daß dieser Satz auf einem andern beruht, daß nämlich der Außenwinkel A^* von $\triangle A^*CD$ größer ist als der Innenwinkel C, ein Satz, der zwar für Fig. 25, aber durchaus nicht allgemein gilt, z. B. nicht, wenn die Innenwinkel A^* und C beide stumpf wären, was in der RIEMANNschen Geometrie nicht unmöglich ist.

Betrachten wir nun schließlich noch einmal Fig. 23, S. 126 und setzen deutlichkeitshalber $\sphericalangle ABB^* = x$, $\sphericalangle B^*BC^* = y$, $\sphericalangle B^*BQ = z$, $\sphericalangle ABQ = u$, $\sphericalangle C^*BQ = \sphericalangle CBQ = v$, dann ist:

$$x = u - z$$
$$y = z - v, \text{ daher}$$
$$y - x = 2z - (u + v).$$

Nun ist:
$$2z > 180°,$$
$$u + v = 180°, \text{ daher}$$
$$y - x > 0 \text{ oder}$$
$$y > x.$$

Wäre $y = x$, dann wäre schon (vgl. Fig. 25) $C^*B^* > B^*A$; da es sich nun zeigt, daß y sogar **größer** als x ist, ist dasselbe noch um so mehr der Fall; wir haben also tatsächlich $C^*B^* > B^*A$ und dieses Resultat erlaubt uns nun endlich zu beweisen, daß die beiden willkürlich gewählten Geraden AB und PQ einen Punkt S gemeinsam haben. Setzen wir nämlich AB^*, das ist der Unterschied zwischen AP und PQ, gleich v, dann ist:

$$BQ = AP - v,$$
$$CR < AP - 2v,$$

die folgende Strecke $< AP - 3v$ usw., sodaß wir, auf diese Weise fortschreitend, notwendig einmal zu einer Strecke kommen müssen, die negativ ist (denn es ist natürlich sicher möglich, eine ganze positive Zahl n so zu bestimmen, daß $AP - nv < 0$ wird); das beweist dann aber, daß wir einen Schnittpunkt S passiert sind.

35. Eigenschaften der Riemannschen Geraden.

Es werde in Fig. 26 eine willkürliche Gerade angenommen und es mögen in den Punkten A und B auf diese Gerade die Senkrechten AC und BD errichtet werden; nach dem vorhergehenden

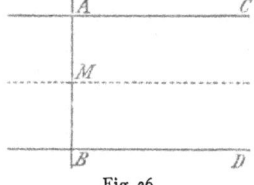

Fig. 26

Abschnitt müssen diese sich schneiden, aber die Symmetrie der Figur in bezug auf AB verlangt dann natürlich **zwei** Schnittpunkte, sagen wir O und O^*, die spiegelbildlich in bezug auf AB liegen, und daraus folgt, daß die Hypothese vom stumpfen Winkel zur notwendigen Folge hat, daß das sechste Postulat nicht mehr bedingungslos gilt und es Geraden gibt, die einander in zwei verschiedenen Punkten schneiden, und Dreiecke mit zwei rechten Winkeln.

Halbiere AB durch eine Mittelsenkrechte und lege z. B. die obere Hälfte der Figur um die Halbierungslinie um, dann fällt A auf B und AC längs BD, was nur möglich ist, wenn die Mittellinie durch O und O^* geht, und klappt man die ganze Figur um AC oder BD um, dann findet man neue Punkte, für welche die

35. Eigenschaften der Riemannschen Geraden

zu AB errichtete Senkrechte durch O und O^* hindurchgeht. Indem man diesen soeben gefundenen Satz von neuem auf AM, auf MB und die anderen auf dieser Gerade vorhandenen Strecken anwendet, findet man sogar unendlich viele Punkte, für welche die Senkrechte durch O und O^* geht; und indem man sich schließlich überzeugt, daß man jeden beliebigen Punkt auf AB durch Punkte der Menge, für welche der Satz schon bewiesen ist, beliebig eng einschließen kann (vgl. die Beweisführung von Abschn. 29, S. 105, die mit der hier benützten einige Ähnlichkeit hat), beweist man, daß die Eigenschaft für alle Punkte gilt, sodaß der Satz bewiesen ist: *Die Senkrechten, die in allen Punkten einer Gerade l errichtet sind, schneiden sich in zwei Punkten O und O^*, die spiegelbildlich in bezug auf l liegen.*

Umgekehrt steht jede Gerade durch O und O^* senkrecht auf l; denn schneidet sie l in einem Punkte S (und Nichtschneiden ist ausgeschlossen), dann hat sie mit der Senkrechte in S die drei Punkte S, O, O^* gemein, und fällt also mit dieser zusammen; denn obzwar zwei Geraden in der RIEMANNschen Geometrie ausnahmsweise zwei Punkte gemeinsam haben können, ohne zusammenzufallen, so sind sie doch, wenn sie drei gemeinsam haben, identisch. Man kann sogar behaupten, daß jede Gerade durch O senkrecht auf l steht und durch O^* geht; denn schneidet sie l in S, dann hat sie mit der Senkrechte in S die Punkte S und O gemeinsam, und diese zwei Punkte lassen sich nur durch eine Gerade verbinden, die dann aber zugleich durch O^* geht.

Haben wir zwei Geraden, die einander in einem Punkte P schneiden, dann können wir diese, ohne an dem Winkel, den sie einschließen, etwas zu ändern, nach O bringen; sie fallen dann mit zwei Geraden durch O zusammen und gehen deshalb durch O^*; d. h. sie hatten auch in ihrer ursprünglichen Lage schon einen zweiten Schnittpunkt P^*, der ebenso weit von P entfernt ist, als O^* von O. Setzen wir also $OO^* = 2\varDelta$, also den Abstand zwischen O und l, gemessen auf irgendeiner Gerade durch O, $= \varDelta$, dann können wir sagen:

Jedem Punkt P der RIEMANN*schen Ebene ist ein anderer Punkt P*, sein „Gegenpunkt", eindeutig zugeordnet, und der Abstand PP* hat die konstante Länge* 2Δ; *durch zwei Gegenpunkte geht nicht eine sondern gehen unendlich viele Geraden, und jede Gerade durch den einen Punkt enthält auch den andern und umgekehrt; ferner werden alle Geraden durch zwei Gegenpunkte durch dieselbe Gerade l senkrecht halbiert.*

Der letzte Teil des Satzes nämlich, daß alle Geraden durch zwei Gegenpunkte durch eine Gerade l senkrecht geschnitten und halbiert werden, folgt unmittelbar aus dem bei Fig. 26 gegebenen Beweise, insbesondere aus der Bemerkung, daß man alle Geraden durch einen Punkt P durch Verschiebung mit denen durch O zusammenfallen lassen kann; daraus ersehen wir ja sofort, daß OA, OP und im allgemeinen alle Geraden, die O mit einem Punkt von l verbinden, gleich lang sind, und zwar ebenso lang wie die Geraden, die O^* mit den Punkten von l verbinden; wenn aber alle Punkte von l gleich weit von einem Punkte O entfernt sind, dann verhält sich l wie ein Kreis, dessen Mittelpunkt O ist, und l muß also geschlossen sein und eine endliche Länge haben; aber es darf nicht übersehen werden, daß O^* mit demselben Recht der Mittelpunkt von l genannt werden kann wie O, und daß l sich jedenfalls darin vom Kreis unterscheidet, daß sie im allgemeinen, d. h. wenn man nicht gerade zwei Gegenpunkte wählt, durch zwei Punkte bestimmt ist. Beschreibt man um O einen Kreis mit einem andern Radius als Δ, dann ist auch für diesen offenbar O^* ein zweiter Mittelpunkt; die RIEMANNsche Gerade kann also als ein Kreis mit dem Radius Δ aufgefaßt werden.

Da die Gerade geschlossen ist kann man, von O ausgehend, den Gegenpunkt O^* auf zwei verschiedenen Wegen erreichen; auch auf dem zweiten Wege passiert man gerade in der Mitte zwischen O und O^* wieder die Gerade l, und im allgemeinen kann man sagen, daß die beiden Wege unmöglich in irgendeiner Hinsicht voneinander verschieden sein können; sie sind also u. a. auch gleich lang, woraus folgt, daß die Länge der ganzen Gerade 4Δ beträgt. Also:

35. Eigenschaften der Riemannschen Geraden

In der RIEMANN*schen Ebene ist die Gerade eine geschlossene Linie mit zwei Mittelpunkten und einem Halbmesser* Δ; *die ganze Länge der Gerade ist* 4Δ.

Eine Gerade ist also durch zwei Punkte bestimmt, solange die Punkte keine Gegenpunkte sind; nun haben zwei Gegenpunkte einen Abstand 2Δ voneinander, man kann also in der RIEMANNschen Ebene leicht ein Gebiet abgrenzen, innerhalb dessen kein einziger Gegenpunkt eines Punktes liegt; innerhalb eines solchen Gebietes, das man Normalgebiet nennt, haben zwei Geraden nur einen Punkt gemeinsam, sodaß das sechste Postulat wieder gilt; in diesem ist also auch stets durch zwei Punkte eine Gerade bestimmt; man kann von einem Punkte nur eine Senkrechte auf eine Gerade fällen, das rechtwinklige Dreieck hat zwei spitze Winkel usw.; kurz, wenn wir in den vorhergehenden Abschnitten über die RIEMANNsche Geometrie gesprochen haben und dabei die hier genannten und eine Anzahl anderer Eigenschaften gelten ließen, dann war es, weil wir stillschweigend voraussetzten, innerhalb eines Normalgebietes zu sein.

Zum Schlusse noch eine andere Bemerkung, die an die Frage anknüpft, wieso es kommt, daß wir sicher wissen, daß zwei Gegenpunkte O und O^* verschiedene Punkte sind. Die Antwort lautet: Weil sie auf verschiedenen Seiten der Mittelsenkrechte l liegen und wir immer voraussetzen, daß die Gerade die Ebene in zwei vollkommen getrennte Teile teilt. Aber wenn wir nun dies eine Mal diese Voraussetzung fallen lassen, dann ist es nicht mehr unmöglich anzunehmen, daß ein Punkt und sein Gegenpunkt stets zusammenfallen, und man erhält eine neue Art von elliptischer Geometrie, die verschiedenen Autoren, die über nicht-euklidische Geometrie geschrieben haben, entgangen war, und die von FELIX KLEIN entdeckt wurde; zwei Geraden haben nun wieder stets einen Punkt gemeinsam, sodaß eine Gerade wieder ausnahmslos durch zwei Punkte bestimmt ist; sie ist von endlicher Länge, nämlich 2Δ, und teilt die Ebene nicht in zwei vollkommen getrennte Teile. Diese Geometrie wurde von KLEIN die „einfach-elliptische" genannt, im Gegensatz zur andern, die dann „doppelt-elliptisch" heißen müßte.

Wir erwähnen diese einfach-elliptische Geometrie aus folgendem Grunde. Es ist uns schon bekannt, daß die Geometrie auf der Kugel mit der in der RIEMANNschen Ebene gleichlautend wird, sobald wir das Wort „Gerade" durch „Großkreis" ersetzen, und die Eigenschaften, die in diesem Abschnitt für die RIEMANNschen Geraden abgeleitet wurden sind da, um die Analogie noch stärker zum Ausdruck zu bringen; denn die für die Geraden so eigentümlich klingenden Sätze gehen in längst bekannte Sätze der Geometrie auf der Kugel über, sobald wir uns an Stelle der RIEMANNschen Gerade einen Großkreis denken; die Länge $\varDelta$ ist dabei durch $\frac{1}{2}\pi$ zu ersetzen, wenn der Radius der Kugel der Einheit gleich ist. Diese vollkommene Analogie zwischen der RIEMANNschen Planimetrie und der Geometrie auf der Kugel hat die Zweifler und Gegner der nicht-euklidischen Geometrie, die es, besonders im Anfang, in großer Zahl gab, dazu gebracht, zu behaupten, daß die ganze nicht-euklidische Geometrie Schwindel, und z. B. die elliptische Geometrie einfach die Geometrie auf der Kugel wäre. Wir brauchen nur auf die von KLEIN entdeckte Form der elliptischen Geometrie hinzuweisen, um unmittelbar einzusehen, daß diese Behauptung vollkommen falsch ist; denn die einfach-elliptische Geometrie hat kein Analogon auf der Kugel und ist doch logisch nicht weniger möglich als die andere. Wie das Verhältnis zwischen der doppelt-elliptischen Geometrie und der Geometrie auf der Kugel nun eigentlich genau ist, werden wir im folgenden Abschnitt auseinandersetzen.

36. Über geometrische Abbildungen. Abbildungen der beiden elliptischen Geometrien.

Beim Studium der höheren Geometrie wird kein Verfahren öfter angewendet als das der Abbildungen. Der Laie denkt beim Hören dieses Wortes natürlich an ein Bild, eine Malerei, eine Photographie oder etwas Ähnliches, kurz an eine Abbildung, deren ausgesprochener Zweck es ist, auf den Beschauer möglichst

36. Über geometrische Abbildungen usw.

den Eindruck zu machen, den das Original selbst auf ihn machen würde; der Mathematiker aber hat im Laufe der Zeit gelernt, dem Worte „Abbildung" eine immer weitergehende Bedeutung beizulegen, bis er dazu kam, Abbildungen herzustellen, in denen man unmöglich das Original erkennen kann. Beginnen wir — um möglichst verständlich, nicht möglichst allgemein zu sprechen — mit der Erklärung, daß man zwei Figuren ihre gegenseitige Abbildung nennt, wenn jedem Punkt der einen Figur ein oder mehrere Punkte der anderen Figur zugeordnet sind und umgekehrt. Diese Zuordnung von Punkten der beiden Figuren muß natürlich nach festen Vorschriften geschehen, also nach bestimmten Methoden, und unter diesen gibt es sehr einfache und sehr komplizierte. Eine der gebräuchlichsten Methoden ist das Projizieren, wie es in der darstellenden Geometrie und in der Perspektive angewendet wird, und doch gehört das Projizieren vom rein theoretischen Standpunkt aus nicht einmal zu den allereinfachsten Abbildungsmethoden; denn obgleich jeder Punkt nur eine Projektion hat, so hat umgekehrt doch nicht jede Projektion nur ein Original; projiziert man z. B. eine Kugel als Kreis auf eine Ebene, dann gehören zu jedem Punkt innerhalb des Kreises zwei Punkte der Kugel. Man drückt dies dadurch aus, daß man sagt, daß die Projektion einer Figur im allgemeinen keine „*eineindeutige Abbildung*" der Figur selbst ist und nennt eine Abbildung eineindeutig, wenn jedem Punkt der einen Figur ein Punkt der anderen Figur zugeordnet ist und umgekehrt.

Wir wollen zwei Beispiele solcher eineindeutigen Abbildungen angeben, weil uns beide später nützlich sein werden: die stereographische Projektion und die Inversion. Die stereographische Projektion, die schon von dem griechischen Astronomen HIPPARCH (etwa 150 v. Chr.) entdeckt wurde, der sie dazu gebrauchte, um eine Karte des Himmelsgewölbes zu zeichnen, besteht einfach darin, daß man die Oberfläche einer Kugel von einem Punkte O der Kugel aus als Projektionszentrum auf eine Ebene projiziert, gewöhnlich die Diametralebene, welche senkrecht auf dem Halbmesser durch O steht. Es ist klar, daß wir es hier mit einer eineindeutigen Abbildung zu tun haben, denn der projizierende Strahl von O nach irgendeinem Punkte P der Kugel schneidet die Projektionsebene nur in einem Punkte P', und umgekehrt schneidet ein Strahl OP' die Kugel, außer im Punkte O, den man nicht mitzählt, nur in einem Punkte P. Nur der Punkt O selbst bildet eine Ausnahme von der Regel, denn die Projektion O' kann jeder unendlich ferne Punkt der Projektionsebene sein; das tut aber für uns nicht viel zur Sache.

Die beiden Haupteigenschaften der stereographischen Projektion, denen sie ihre Bedeutung verdankt und worin die Ursache ihrer vielfachen Anwendung zu suchen ist, sind die folgenden. Zunächst ist die stereographische Abbildung eines Kreises auf der Kugel nicht, wie man erwarten sollte, eine Ellipse, sondern ein Kreis, und zweitens behalten die Winkel, welche die Figuren auf der Kugel miteinander einschließen, in der Projektion ihre Größe bei, sodaß die stereographische Abbildung zu den sogenannten *konformen Abbildungen* gehört.

Um nicht vom Thema abzuschweifen, werden wir diese Eigenschaften hier nicht beweisen; der daran interessierte Leser sei auf die Lehrbücher der darstellenden Geometrie verwiesen. Angenommen also, daß die erwähnten Eigenschaften richtig sind, so stellen wir, im Hinblick auf die RIEMANNsche Geometrie, wie sich gleich zeigen wird, die Frage: Wie werden die Großkreise auf der Kugel abgebildet?

Nennen wir bequemlichkeitshalber das Projektionszentrum Nordpol, die Projektionsebene daher Äquatorebene, dann lautet die Antwort folgendermaßen: Jeder Großkreis auf der Kugel schneidet den Äquator in den Endpunkten eines Durchmessers und geht daher durch Projektion in einen Kreis über, der durch dieselben Endpunkte des Durchmessers geht oder, wie man es wohl auch ausdrückt, den Äquator diametral schneidet; die Großkreise auf der Kugel gehen also in Kreise über, die den Äquator diametral schneiden, und die Winkel, die die Großkreise auf der Kugel miteinander einschließen, bleiben bei der Projektion in ihrer wahren Größe erhalten.

Nun können wir die Antwort auf die Frage geben, die wir zum Schlusse des vorhergehenden Abschnittes stellten, nämlich nach dem Zusammenhang zwischen der RIEMANNschen Planimetrie und der Geometrie auf der Kugel. Man kann die RIEMANNsche Ebene, in der die doppelt-elliptische Geometrie gilt, eineindeutig auf die euklidische Kugel abbilden, und zwar so, daß die Geraden der Ebene in die Großkreise der Kugel übergehen; die Geometrie auf der Kugel ist also sozusagen eine Abbildung der RIEMANNschen Planimetrie. Man kann aber nach dem obigen die RIEMANNsche Ebene auch sehr wohl auf die euklidische Ebene abbilden, wobei dann die Geraden in Kreise übergehen, die einen festen Kreis diametral schneiden; auch in diesem System von Kreisen gilt die doppelt-elliptische Geometrie, d. h. durch zwei Punkte geht im allgemeinen nur ein solcher Kreis, aber alle Kreise durch einen Punkt P gehen auch noch durch einen zweiten Punkt P^*, den Gegenpunkt von P, und die Summe der Winkel eines Dreiecks, das von drei dieser Kreise gebildet wird, ist stets größer als zwei Rechte.

Nur um den Zusammenhang, welcher zwischen den beiden Kapiteln besteht, in die unser Buch zerfällt, deutlich zu machen, wollen wir erwähnen, daß der dreidimensionale RIEMANNsche Raum sich auf die Hypersphäre abbilden läßt (vgl. Abschn. 14, S. 54), den geometrischen Ort aller Punkte in R_4, die denselben Abstand von einem festen Punkt O haben; die Ebenen des RIEMANNschen Raumes gehen dabei in „Großkugeln" der Hypersphäre über (Schnitte mit den linearen R_3's durch O), die Geraden in „Großkreise" der Hypersphäre (Schnitte der Ebenen durch O); und diese „Großkugeln" und „Großkreise" gehorchen der doppelt-elliptischen RIEMANNschen Geometrie; insbesondere werden zwei Gegenpunkte des RIEMANNschen Raumes durch die Endpunkte eines Durchmessers der Hypersphäre abgebildet. Und wenn man die Hypersphäre von einem ihrer Punkte aus als Zentrum stereographisch auf den durch ihren Mittelpunkt gelegten Raum projiziert, der senkrecht auf dem Radius des Projektionszentrums liegt und der die Hypersphäre in einer Großkugel schneidet, dann gehen die anderen Großkugeln in Kugeln über, die diese feste Kugel diametral, d. h. in einem Großkreis schneiden, und die Großkreise der Hypersphäre gehen in Kreise über, die die feste Kugel diametral, d. h. in den Endpunkten eines Durchmessers, schneiden; und auch dieses System von Kugeln und Kreisen gehorcht den Sätzen der RIEMANNschen Stereometrie.

Man wird nun, glauben wir, besser als zu Beginn dieses Abschnittes die große Bedeutung der geometrischen Abbildungen einsehen, denn die Kreise, die einen festen Kreis und die Kugeln, die eine feste Kugel diametral schneiden, liegen in einer euklidischen Ebene und in einem euklidischen Raum, und sind daher mit Hilfe der euklidischen Geometrie zu untersuchen; sobald wir dann aber eine Eigenschaft gefunden und bewiesen haben und die Worte „Kreis" und „Kugel" durch „Gerade" und „Ebene" ersetzen, dann haben wir einen Satz der elliptischen Geometrie gefunden und bewiesen (solange wir natürlich nur mit Kreisen und Kugeln arbeiten und nicht mit euklidischen Geraden und Ebenen, obzwar anderseits bemerkt werden muß, daß unter den Kreisen, die einen festen Kreis diametral schneiden, auch die Durchmesser dieses Kreises vorkommen, und analog bei der Kugel, und man von diesen Geraden und Ebenen gerade vornehmlich Gebrauch machen wird und auch Gebrauch machen darf; wir gehen hier aber nicht näher darauf ein). Wir müssen jedoch noch ausdrücklich darauf hinweisen, daß wir durch die „Abbildungen" der nicht-euklidischen Geometrie erst die volle Sicherheit erhalten, daß die Erwartung von SACCHERI, nämlich daß man, wenn man nur weit genug ginge, endlich doch zu einem Widerspruch käme, nicht in Erfüllung gehen wird; ein Widerspruch in der nicht-euklidischen Geometrie würde ja nur aus einem Widerspruch in der euklidischen Abbildung entstehen können.

Über die schon oben genannte Inversion sprechen wir im folgenden Abschnitt; hier aber müssen wir noch ein Wort über die einfach-elliptische Geometrie von KLEIN sagen, die keine Abbildung auf die Kugel gestattet, wenigstens keine eineindeutige.

36. Über geometrische Abbildungen usw.

Man kann eine Abbildung der einfach-elliptischen Geometrie erhalten, indem man jedem Punkt der RIEMANNschen Ebene eine nach beiden Seiten bis ins Unendliche verlängerte Gerade durch einen festen Punkt O zuordnet, jeder Geraden der RIEMANNschen Ebene eine Ebene durch O, den Punkten einer Gerade also die durch O gehenden Geraden in der zugeordneten Ebene. Nun bestimmen zwei Punkte tatsächlich stets nur eine Gerade, weil zwei Geraden durch O stets eine Ebene bestimmen; Gegenpunkte gibt es also nicht mehr. Einem Dreieck in der RIEMANNschen Ebene entspricht eine dreiseitige Ecke am Punkte O, und bei einer dreiseitigen Ecke ist tatsächlich die Summe der drei Neigungswinkel der drei Seitenflächen stets größer als zwei Rechte, sodaß die Geometrie, welche die Abbildung beherrscht, wirklich eine elliptische ist.

Will man weitergehen und die ganze KLEINsche Ebene abbilden, dann kann man z. B. sagen, daß diese Ebene alle Geraden enthält, die die Seiten des soeben genannten Dreiecks schneiden; die Abbildung muß also alle Ebenen durch O enthalten, die die Seitenflächen der dreiseitigen Ecke schneiden, also alle Ebenen des R_3, der durch die drei Kanten der dreiseitigen Ecke bestimmt wird (nimm auf jeder der drei Kanten einen Punkt an; diese bilden mit O ein Tetraeder oder ein Simplex [Abschn. 7, S. 27], das den R_3 bestimmt). Will man nun andere Ebenen abbilden, so muß man sich den R_3 als Bestandteil eines R_4 denken; alle R_3's dieses R_4, die den Punkt O enthalten, sind die Abbildungen aller Ebenen eines KLEINschen dreidimensionalen Raumes. Und sowie eine Ebene und ein R_3 in R_4, beide durch O hindurchgehend, notwendig eine Gerade durch O gemeinsam haben, so müssen im KLEINschen dreidimensionalen Raume eine Gerade und eine Ebene stets einen Punkt gemeinsam haben (Abschn. 8, S. 34), sodaß Parallelsein oder Kreuzen ausgeschlossen ist. Ferner: weil zwei R_3's in R_4 durch O eine Ebene durch O gemeinsam haben (Abschn. 8, S. 34), haben zwei Ebenen im KLEINschen Raume stets eine Gerade gemeinsam. Da zwei Ebenen durch O im selben R_3 eine Gerade gemeinsam haben, haben zwei Geraden in derselben KLEINschen Ebene stets einen Punkt gemein; aber da zwei Ebenen in R_4 nur einen Punkt gemeinsam haben müssen, können zwei Geraden im KLEINschen Raume sich kreuzen.

Zum Schluß. Zwei Ebenen durch O im selben R_3 haben eine Gerade durch O gemein; zwei Geraden in derselben KLEINschen Ebene haben also stets einen Punkt S gemein. Nimm nun auf der einen Gerade auf der einen Seite von S einen Punkt A an, auf der anderen Seite einen Punkt B; die Abbildungen dieser drei Punkte seien drei Geraden OA, OS, OB. Man kann dann in der Ebene dieser drei Geraden die Gerade OA mit OB zur Deckung bringen, indem man sie die Lage OS passieren läßt, aber man kann sie auch nach der entgegengesetzten Seite gehen lassen, und dann erreicht sie die Lage OB, ohne durch OS hindurchzugehen; in der KLEINschen Ebene kann also ein Punkt von der einen Seite einer Gerade auf die andere kommen, ohne durch diese Gerade hindurchzugehen; die KLEINsche Gerade teilt die Ebene also nicht in zwei vollkommen voneinander getrennte Hälften. Dasselbe kann man mit einem R_3 und einem Strahlenbüschel durch O, das nicht in dem R_3 liegt und dessen Ebene also mit R_3 eine Gerade durch O gemeinsam hat, tun; man kann eine Gerade OA in die Lage OB bringen (die Punkte A und B sind auf verschiedenen Seiten von R_3 gedacht) ohne durch den R_3 hindurchzugehen; auch die KLEINsche Ebene teilt also den KLEINschen Raum nicht in zwei vollkommen voneinander getrennte Teile.

Will man nun doch die Kugel (natürlich um O) einführen, so kann man dies wohl tun, aber dann muß man jedem Punkte der KLEINschen Ebene die beiden Punkte der Kugel zuordnen, die auf dem dem ersten Punkte zugeordneten Halbmesser liegen, sodaß die Abbildung nicht mehr eineindeutig ist und die Länge der KLEINschen Gerade nicht mehr $4\varDelta$ (vgl. Abschn. 35, S. 133), sondern nur $2\varDelta$ beträgt; der Halbmesser braucht ja nur um einen Winkel von 180^0 und nicht von 360^0 zu drehen, um in seine ursprüngliche Lage zurückzukehren. Zwei Punkte bestimmen nun wirklich stets eine Gerade; denn diesen Punkten entsprechen vier Punkte, nämlich die Endpunkte von zwei Durchmessern der

Kugel, und durch diese geht natürlich nie mehr als ein Großkreis.

Diese letzte Abbildung, nämlich auf die Geraden und Ebenen durch O, rechtfertigt doch sicher wohl, was wir oben sagten, nämlich, daß in der Abbildung das Original nicht im entferntesten mehr zu erkennen ist.

37. Über die Inversion und die Abbildung der hyperbolischen Ebene auf die eine Hälfte der euklidischen.

Die Inversion, die schon im vorigen Abschnitt gestreift und für deren Studium wir auf das nun schon mehrmals zitierte LIEBMANNsche Buch aus der Sammlung Schubert verweisen, ist, wenn man sie in der Ebene anwenden will, eine Abbildungs- oder Transformationsmethode, bei der man von einem festen, um einen beliebig gewählten Punkt O mit einem beliebigen Radius k beschriebenen Kreise Gebrauch macht. Ist A ein beliebiger Punkt der Ebene, so nennt man den Bildpunkt A' denjenigen Punkt der Gerade OA, der auf derselben Seite von O liegt wie A, und zwar so, daß $OA \cdot OA' = k^2$; dabei heißt die Größe k^2 die Potenz der Inversion.

Zu allererst folgt daraus, daß die Inversion eine eineindeutige Transformation ist, denn jedem Punkte A ist ein Punkt A' zugeordnet und umgekehrt; nur der Punkt O bildet eine Ausnahme, denn soll $OO \cdot OO' = k^2$ sein, so muß, weil $OO = 0$ ist, $OO' = \infty$ sein, während überdies die Richtung der Gerade OO unbestimmt ist und daher der zugeordnete Punkt O' von O jeder unendlich ferne Punkt sein kann.

Man beweist nun (s. das erwähnte Buch, § 8), daß das Bild eines Kreises wieder ein Kreis und daher das Bild einer Gerade (die doch ein Kreis mit unendlich großem Radius ist) ein Kreis durch O ist. Ferner ist es klar, daß die Geraden durch O in sich übergehen, und daß die Punkte des festen Kreises mit ihren Bildpunkten zusammenfallen. Was aber die Inversion vor allem so wichtig macht, ist die Eigenschaft, daß auch sie, wie die stereographische Abbildung, eine konforme Abbildung ist, d. h.

die Winkel unverändert läßt. Hat man also, um ein Beispiel zu nennen, das wir gleich brauchen werden, zwei Kreise, die einander unter einem rechten Winkel schneiden, dann tun das die Bildkreise auch; und hat man einen Kreis und eine Gerade, die sich unter einem rechten Winkel schneiden, also einen Kreis und einen seiner Durchmesser, so erhält man nach der Inversion zwei Kreise (darunter einen durch O), die sich unter einem rechten Winkel schneiden.

Nach dieser kurzen Einleitung gehen wir nun dazu über, eine Abbildung der LOBATSCHEFSKIJ-BOLYAIschen Ebene (sagen wir der Kürze halber: der „hyperbolischen" Ebene) auf die euklidische zu entwickeln, wie wir es im vorigen Abschnitt für die RIEMANNsche getan haben. Bei der Abbildung der RIEMANNschen Ebene gingen die Geraden in Kreise über, die alle einen festen Kreis diametral schnitten; eine Abbildung der hyperbolischen Ebene auf die euklidische wird, wie wir zeigen werden, erhalten, indem man alle Kreise betrachtet, die einen festen Kreis *senkrecht* oder *orthogonal* schneiden. Man sieht, der Unterschied zwischen den beiden Abbildungen ist, wenigstens in Worten, nicht sehr groß; er ist aber auch im Wesen der Sache nicht sehr groß; besser gesagt: er ist sehr klein, denn es läßt sich leicht zeigen, daß alle Kreise, die einen Kreis mit dem Radius R *diametral* schneiden, den imaginären Kreis mit demselben Mittelpunkt aber mit dem Radius $R\sqrt{-1}$ orthogonal schneiden, sodaß der ganze Unterschied zwischen den beiden Abbildungen darin besteht, daß für die Abbildung der elliptischen Geometrie der feste Kreis imaginär, für die hyperbolische reell ist.

Wir wollen jetzt zunächst die Figur, die aus allen Kreisen besteht, die einen festen Kreis orthogonal schneiden, mittels der Inversion vereinfachen. Wir wählen den Mittelpunkt O der Inversion auf dem festen Kreis, während die Größe k (s. oben) willkürlich bleibt; der feste Kreis geht dann nach den Eigenschaften der Inversion in eine Gerade l über, während die Abbildungen der Kreise, die den festen Kreis senkrecht schneiden, die Gerade l senkrecht schneiden müssen und also ihre Mittelpunkte auf l

haben müssen; wir erhalten also, was die Übersicht bedeutend vereinfacht, eine Gerade l und alle Kreise, deren Mittelpunkte auf l liegen. Nun aber tun wir etwas sehr Eigentümliches. Wir löschen — die Gerade l ist horizontal gedacht — die unter l gelegene Hälfte der Ebene aus und betrachten nur noch die obere, also alle Halbkreise, deren Mittelpunkte auf l liegen; und wenn wir nun für einen Augenblick die Halbkreise „Geraden" und die Punkte von l „unendlich ferne Punkte" nennen, dann haben wir da in der oberen Hälfte der Ebene die Geometrie von LOBATSCHEFSKIJ-BOLYAI vor uns, d. h. die hyperbolische Ebene ist eineindeutig und konform auf die eine Hälfte der euklidischen abgebildet.

In der Tat, es sei in Fig. 27 C „eine gerade Linie"; um einem Irrtum vorzubeugen, setzt man auch das Wörtchen „pseudo" vor das Hauptwort, sodaß C dann eine „Pseudogerade" ist und C_1 und C_2 ihre beiden „pseudo-unendlich fernen Punkte" sind. Ist nun P ein Punkt, der außerhalb C gelegen ist, gleichgültig an welcher Seite, so kann man stets zwei Kreise konstruieren, von denen der eine den gegebenen Kreis C in C_1, der andere in C_2 berührt, und wenn

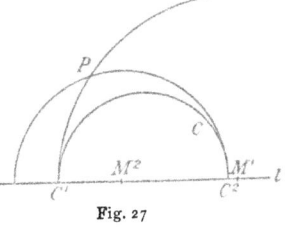

Fig. 27

M_1 und M_2 die Mittelpunkte dieser Kreise sind, dann wird die Gerade l durch diese Punkte in drei Teile geteilt, sodaß auf dem endlichen Teil die Mittelpunkte aller Kreise durch P liegen, die C nicht schneiden (oder schneiden, das hängt von der Lage von P in bezug auf C ab), auf den beiden unendlichen Teilen dagegen die Mittelpunkte aller Kreise, die C schneiden (oder nicht schneiden). Wir können diese Resultate mit anderen Worten auch folgendermaßen ausdrücken: Eine Pseudogerade hat zwei pseudo-unendlich ferne Punkte. Ist außerhalb einer Pseudogerade ein Punkt P gegeben, so zerfallen die Pseudogeraden durch P in zwei Gruppen, nämlich 1. in eine Gruppe, bei der alle Individuen C schneiden; 2. in eine Gruppe, wo kein einziges Individuum *C* schneidet. Beide Gruppen sind voneinander durch zwei Pseudogeraden getrennt, die mit *C* jedesmal einen von den beiden pseudo-unendlich fernen Punkten gemeinsam haben; das sind die beiden Pseudoparallelen von *C* durch *P*. Man überzeugt sich unmittelbar, daß dies vollkommen dieselben Resultate sind wie die von Abschn. 33, S. 123; wenn wir also nun auch noch beweisen, daß durch zwei Punkte *P* und *Q* stets nur eine Pseudogerade geht und in einem Pseudodreieck die Winkelsumme stets kleiner als zwei Rechte ist, dann ist die Analogie mit der hyperbolischen Geometrie für unsere Zwecke hinreichend gezeigt, und brauchen wir auch für diese nicht zu fürchten, daß sie uns, wenn man sie nur weit genug verfolgt, einmal vielleicht zu Widersprüchen führen könnte.

Nun ist das erste unmittelbar evident, denn durch zwei Punkte *P* und *Q* geht stets ein, aber auch nur ein Kreis, dessen Mittelpunkt auf *l* liegt; für die Winkelsumme des Pseudodreiecks dagegen müssen wir von neuem von den Eigenschaften der Inversion Gebrauch machen. Es mögen drei Halbkreise, deren Mittelpunkte auf *l* gelegen sind, sich in den Punkten *A*, *B*, *C* schneiden und daher ein krummlinig begrenztes Dreieck bilden; die beiden Kreise durch *A* haben dann unterhalb der Gerade *l* noch einen zweiten Schnittpunkt, das Spiegelbild von *A* in bezug auf *l*, und diesen Punkt, den wir *O* nennen wollen, wählen wir zum Zentrum einer Inversion, während wir die Größe k^2 willkürlich lassen. Wie sieht nun das invertierte Dreieck aus? Die beiden Kreise durch *A*, die zugleich das Zentrum der Inversion enthalten, gehen auf Grund der oben in Erinnerung gebrachten Eigenschaften der Inversion in Geraden über, die einander im Bildpunkt *A'* von *A* schneiden. Die Gerade *l* geht in einen Kreis *l'* (durch *O*) über, der, da bei der Inversion die Winkel unverändert bleiben, die beiden Geraden durch *A'* unter rechten Winkeln schneiden muß, was nur möglich ist, wenn sein Mittelpunkt mit *A'* zusammenfällt, und der Kreis durch die Eckpunkte *B* und *C* des Dreiecks, der *l* auch senkrecht schneidet, geht also in einen Kreis über, der *l'* senkrecht schneidet. Ein Kreis aber, der *l'* senkrecht schneidet (vgl. Fig. 28), hat seinen Mittelpunkt M im Schnittpunkt zweier Tangenten von l', und wendet also notwendig seine konkave Seite A' zu, denn sein Radius MR ist kleiner als der Abstand MA' der beiden Mittelpunkte. Im Dreieck $A'B'C'$ aber ist die Winkelsumme offenbar kleiner als zwei Rechte, denn erst wenn man $B'C'$ durch eine Gerade ersetzt, wird die Summe gleich zwei Rechten; also ist auch im ursprünglichen Dreieck ABC die Summe der Winkel kleiner als zwei Rechte, q. e. d.

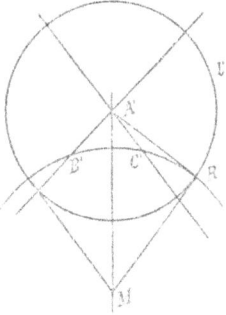

Fig. 28

38. Die hyperbolische Stereometrie. Das hyperbolische Längenmaß. Der Parallelwinkel.

Wie wir in Abschn. 36 kurz über die elliptische Stereometrie und ihre Abbildung auf den dreidimensionalen euklidischen Raum gesprochen haben, so wollen wir hier wenigstens ein Wort über die hyperbolische Stereometrie sagen. Ihre Abbildung auf den euklidischen Raum ist die natürliche Ausdehnung der Abbildung der hyperbolischen Planimetrie auf die Ebene. Man denke sich eine horizontale Ebene, deren Punkte wir „unendlich ferne Punkte" nennen, und wir nennen nun alle Halbkreise, deren Mittelpunkte in dieser Ebene liegen und deren Ebene senkrecht auf dieser Ebene steht und die z. B. oberhalb dieser Ebene liegen, „Pseudogeraden" und alle Halbkugeln, deren Mittelpunkte in der festen Ebene liegen und die selbst oberhalb der Ebene liegen: „Pseudoebenen"; dann ist durch zwei Punkte stets eine Pseudogerade, durch drei Punkte eine Pseudoebene bestimmt, außer wenn die drei Punkte auf einer Pseudogerade liegen. Eine Pseudogerade und eine Pseudoebene haben, wenn die Gerade nicht in der Ebene liegt, höchstens einen Punkt gemein, der auch in der festen Ebene, d. h. im Unendlichen liegen kann, in welchem Falle die Gerade parallel zur Ebene genannt wird;

sie können aber auch keinen Punkt gemeinsam haben, also nichtschneidend sein.

Auch zwei Ebenen können nichtschneidend sein; wenn sie sich aber schneiden, dann geschieht dies längs einer Gerade. Sie können auch parallel sein, aber dieses Parallelsein ist von ganz anderer Art als in der euklidischen Geometrie. Wir werden zwei Pseudoebenen natürlich parallel nennen, wenn sie einander berühren, d. h. wenn die Kreise, in denen sie die feste Ebene schneiden, einander berühren; zwei parallele hyperbolische Ebenen haben also nicht alle, sondern nur einen, oder noch besser zwei zusammenfallende, unendlich ferne Punkte gemein, und in jeder der beiden Ebenen liegt nur ein System von Geraden, das parallel ist dem des anderen (Halbkreise auf der einen Halbkugel, die durch den Berührungspunkt der beiden Kugeln gehen). Durch einen beliebigen Punkt geht dann auch nicht eine, sondern gehen unendlich viele zu einer gegebenen Ebene parallele Ebenen; soll eine Halbkugel durch einen Punkt P gehen und eine gegebene Halbkugel in einem Punkt R der festen Ebene berühren, dann liegt sein Mittelpunkt 1. in der festen Ebene, 2. in der Ebene, die PR halbiert und auf PR senkrecht steht, 3. in der Ebene, die in R senkrecht zur Tangente des Kreises gelegt wird, in welchem die gegebene Kugel die feste Ebene schneidet; der Mittelpunkt ist dadurch bestimmt, aber der Punkt R kann auf der Schnittlinie der gegebenen Kugel mit der festen Ebene willkürlich gewählt werden. Zum Schluß noch dieses: Schneiden zwei Pseudoebenen sich längs einer Pseudogerade, dann ist der Winkel, unter dem sie sich schneiden, in allen Punkten der Pseudogerade gleich groß, genau so wie dies bei euklidischen Ebenen der Fall ist.

Sowohl in der Abbildung der hyperbolischen Planimetrie in Abschn. 37, S. 141, als auch in der hyperbolischen Stereometrie hier oben haben wir die Winkel im gewöhnlichen oder euklidischen Maße gemessen; mit den Längen geht das nicht ohne weiteres, denn wenn wir, nun wieder zur Planimetrie und ihrer Abbildung auf die Hälfte der euklidischen Ebene zurückkehrend,

38. Die hyperbolische Stereometrie. Das hyperbolische Längenmaß usw.

die beiden Schnittpunkte einer Pseudogerade (Halbkreis) mit der festen Gerade l S_1, S_2 nennen (Fig. 29), dann muß das Längenmaß derart sein daß, wenn P ein willkürlich gewählter Punkt der Pseudogerade ist, sowohl PS_1 wie PS_2 in diesem Maße ausgedrückt unendlich lang wird. Wir können die Ableitung der Formel, durch welche die Pseudolänge eines willkürlichen Stückes P_1P_2 einer Pseudogerade ausgedrückt wird, hier nicht wohl geben; nicht weil die Ableitung an und für sich so mühsam ist, sondern weil wir dabei erheblich mehr von der allgemeinen Theorie der konformen Abbildung als bekannt voraussetzen müßten, als uns zulässig erscheint; wir begnügen uns also damit, einfach die Formel mitzuteilen, die folgendermaßen lautet (vgl. LIEBMANN, S. 40): Wird P_1 (Fig. 29) durch den Winkel φ_1, P_2 durch den Winkel φ_2 bestimmt, dann muß für die Pseudolänge von P_1P_2 der Ausdruck

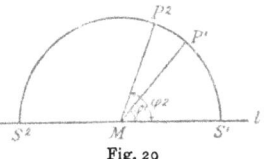

Fig. 29

$$P_1P_2 = \log \frac{\operatorname{tg}\frac{1}{2}\varphi_1}{\operatorname{tg}\frac{1}{2}\varphi_2}$$

genommen werden, der tatsächlich die Eigenschaft hat, unendlich groß zu werden, wenn P_2 mit S_1 zusammenfällt, also $\varphi_2 = 0$ wird und wenn P_2 mit S_2 zusammenfällt, also $\varphi_2 = 180^0$ wird, aber überdies alle anderen Eigenschaften zeigt, die ein Abstand besitzen muß, und unter denen die wichtigste ist, daß er bei allen Pseudobewegungen der Gerade unverändert bleibt, worauf wir hier aber nicht näher eingehen können.
Wir haben die Formel nur angeführt, um eine Anwendung davon geben zu können, und zwar auf die Bestimmung des sogenannten *Parallelwinkels*.

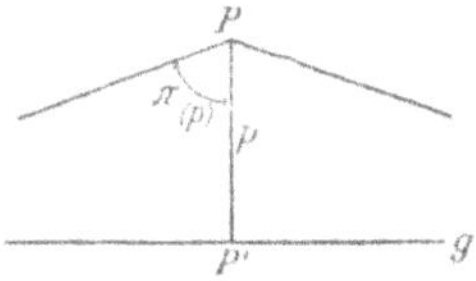

Es sei in Fig. 30 g eine willkürliche Gerade der hyperbolischen Ebene; errichte in einem willkürlichen Punkte P' von g die Senkrechte von der Länge p

Fig. 30

und ziehe durch den Endpunkt P die beiden zu g parallelen Geraden. Diese schließen mit p einen Winkel ein, der von der Länge von p abhängig erscheint, und von LOBATSCHEFSKIJ durch das Symbol $\Pi_{(p)}$ bezeichnet wurde; *es ist der zu p gehörige Parallelwinkel*, und wir wollen nun versuchen, diesen Winkel zu berechnen. Hierzu gehen wir zur Abbildung mittels der Halbkreise über, die eine feste Gerade l senkrecht schneiden, und fragen also, was dann aus der Fig. 30 wird. Wir bemerken nun, daß unter den Kreisen, die eine Gerade l senkrecht schneiden, auch die Geraden, die l senkrecht schneiden, inbegriffen sind, nämlich die Kreise mit unendlich großem Radius, und zweifellos machen wir uns die Sache bequemer, wenn wir annehmen, daß g in eine solche Gerade übergeht; es ist nur die Frage, ob es gestattet ist, dies anzunehmen, und ob unsere Abbildung auf diese Weise noch allgemein genug ist, um eine allgemein gültige Formel daraus abzuleiten. Die Antwort aber wird durch die Inversion unmittelbar gegeben. Geht die Gerade g von Fig. 30

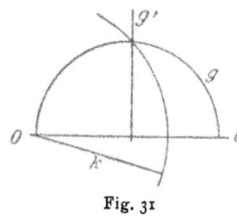

Fig. 31

durch die Abbildung in den Halbkreis g von Fig. 31 über und wählen wir einen seiner beiden Endpunkte als Zentrum O einer Inversion, während wir die Größe k^2 (Abschn. 37, S. 141) willkürlich lassen, dann geht l in sich selbst über, und der Kreis g, der durch O geht, in die Gerade g', die l senkrecht schneidet. Dann haben wir also, was wir wünschen, und da bei der Inversion die Winkel unverändert bleiben, können wir die Gerade g'

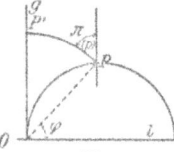

Fig. 32

ebenso gut gebrauchen wie den Kreis g. Wir nehmen also an, daß die Gerade g von Fig. 30 in die Gerade g von Fig. 32 übergeht, und P von Fig. 30 in P von Fig. 32. Was wird nun aus den beiden Geraden durch $P \parallel g$? Die eine geht offenbar in den Halbkreis durch P und O über, die andere in den Halbkreis durch P und den anderen Endpunkt von g. Aber g ist gerade; setzen wir also erst noch

38. Die hyperbolische Stereometrie. Das hyperbolische Längenmaß usw. 149

voraus, daß g wirklich ein Halbkreis, aber mit sehr großem Halbmesser ist, dann ist dasselbe mit dem zweiten Halbkreis durch P der Fall; wird der Radius von g unendlich, dann ist dies auch mit dem Kreis durch P der Fall, d. h. die zweite Parallele geht in die Gerade durch $P \parallel g$ über.

Und die Senkrechte PP'? Da diese die Gerade g senkrecht schneidet, ist ihre Abbildung der Halbkreis durch P, der g senkrecht schneidet, und daher seinen Mittelpunkt in O hat; tatsächlich teilt dieser Kreis, wie man leicht mit Hilfe der Peripheriewinkel beweist, den Winkel zwischen dem anderen Kreis und der Gerade durch P in gleiche Teile, und jede der beiden Hälften ist unser Winkel $\Pi_{(p)}$; es zeigt sich aber unmittelbar, daß die Winkel $\Pi_{(p)}$ und φ gleichgroß sind, weil die Schenkel paarweise senkrecht aufeinanderstehen.

Nun wenden wir unsere Formel für den Abstand auf den Bogen $P'P$ an, dessen Pseudolänge nach Fig. 30 durch die Zahl p wiedergegeben werden muß. Der Winkel φ_1 von P' ist $90°$, der Winkel φ_2 von P φ, daher wird:

$$p = \log \frac{\operatorname{tg} 45°}{\operatorname{tg} \frac{\varphi}{2}} = \log \frac{1}{\operatorname{tg} \frac{\varphi}{2}},$$

also
$$\frac{1}{\operatorname{tg} \frac{\varphi}{2}} = e^p,$$

also endlich $\quad \operatorname{tg} \frac{1}{2} \varphi = e^{-p}, \ \operatorname{tg} \frac{1}{2} \Pi_{(p)} = e^{-p}$

wo e die Basis des NEPERschen Logarithmensystems, also = 2,718 281 828 459 ... ist. Somit ist der Parallelwinkel, der zum Lot p gehört, in seiner Abhängigkeit von p gefunden, und zugleich von neuem ein deutlich sprechendes Beispiel für den Nutzen der Abbildungen beim Studium der Geometrie gewonnen.

Da der Ausdruck e^{-p}, also $1 : e^p$, für positive Werte von p, um die es sich hier allein handelt, stets kleiner als 1 ist, ist $\frac{1}{2}\Pi_{(p)}$ stets $< 45°$, $\Pi_{(p)}$ also stets $< 90°$; mit zunehmendem p nimmt überdies der Parallelwinkel immer mehr ab.

39. Kreis, Grenzlinie (Horizykl) und Abstandslinie (Hyperzykl).

Wenn wir eine Strecke AB im Punkte M durch eine Senkrechte halbieren, dann ist die Halbierungslinie der geometrische Ort aller Punkte, deren Abstand von A und B gleichgroß ist; ist P ein willkürlicher Punkt der Mittellinie, dann sind ja die Dreiecke PMA und PMB kongruent, weil sie zwei Seiten und den eingeschlossenen Winkel gleich haben, und daher ist $PA = PB$. Ferner kann ein Punkt Q, der nicht auf der Mittellinie gelegen ist, auch niemals gleichen Abstand von A und B haben; denn verbinden wir Q mit M und setzen $QA = QB$ voraus, dann sind auch die Dreiecke QMA und QMB kongruent, jetzt aber, weil sie drei Seiten gleichgroß haben, und es sind daher auch die beiden Winkel bei M gleich, was nur möglich ist, wenn sie beide rechte sind; die Mittellinie in M enthält also tatsächlich *alle* Punkte mit gleichem Abstand von A und B.

Es seien nun drei Punkte A, B, C gegeben, die nicht auf einer Gerade liegen. Die Mittelsenkrechte von AB und die Mittelsenkrechte von BC können sich in der hyperbolischen Geometrie schneiden, aber sie müssen es nicht, und dazwischen liegt der Fall, daß sie parallel sind. Nehmen wir erst an, daß sie sich schneiden, z. B. im Punkte O; O ist dann gleichweit von A, B und C entfernt, enthält also auch die Mittellinie von AC und ist der Mittelpunkt der Kreises, der durch A, B und C geht. Aber wie nun, wenn die Mittellinien von AB und BC parallel sind, also einen unendlich fernen Punkt O_∞ gemein haben? Es ist das beste, diese Figur aus der vorhergehenden abzuleiten, indem man den Winkel ABC immer größer macht; da nämlich in dem durch AB, BC und die beiden Mittellinien dieser Strecken begrenzten Viereck die Winkelsumme kleiner als vier Rechte sein muß und zwei Winkel Rechte sind, so bleibt für $\sphericalangle ABC$ und den Winkel bei O zusammen weniger als zwei Rechte übrig; indem man also $\sphericalangle ABC$ allmählich größer macht, kann man schließlich erreichen, daß der Winkel bei O Null wird, und dies wird der Fall sein, bevor $\sphericalangle ABC = 180^0$ geworden ist. Die

39. Kreis, Grenzlinie (Horizykl) und Abstandslinie (Hyperzykl) 151

Mittellinie von AC ging auch während dieses Prozesses immer noch durch O; werden also zwei von den drei Mittellinien parallel, so werden sie alle drei parallel, und der Kreis durch A, B, C geht in eine Kurve über, die die euklidische Geometrie nicht kennt, nämlich in einen Kreis mit unendlich fern gelegenem Zentrum und also unendlich großem Radius, und der doch nicht in eine Gerade ausgeartet ist; eine Kurve, die offenbar die Eigenschaft hat, daß die Streckensymmetralen aller ihrer Sehnen parallel sind, denn sie gehen alle durch O_∞, den unendlich fernen Mittelpunkt. LOBATSCHEFSKIJ hat ihr den Namen *Grenzlinie* oder Horizykl gegeben; die Grenzlinie der euklidischen Geometrie ist die Gerade.

Eine andere Kurve finden wir, wenn wir annehmen, daß $\sphericalangle ABC$ so groß geworden ist, daß die Mittellinien von AB und BC einander nicht mehr schneiden (Fig. 33) und daher ein gemeinsames Lot PQ haben; die Streckensymmetrale von AC kann dann die beiden anderen ebensowenig schneiden, weil, wenn zwei Symmetralen sich schneiden, auch die dritte durch ihren Schnittpunkt hindurchgehen muß (siehe oben). Fällt man nun von A, B, C die Senkrechten auf PQ, dann

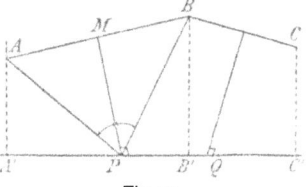

Fig. 33

ist leicht einzusehen, daß diese drei Lote gleichlang sind. Man hat nämlich zunächst: $\triangle AMP \cong \triangle BMP$ ($AM = BM$, $MP = MP$ und die Winkel bei M sind Rechte), woraus folgt $\sphericalangle APM = \sphericalangle BPM$ und daher auch $\sphericalangle APA' = \sphericalangle BPB'$, denn diese Winkel sind zu den ersten komplementär. Betrachte nun ferner die Dreiecke APA' und BPB'; diese sind auch kongruent, denn $AP = BP$, $\sphericalangle APA' = \sphericalangle BPB'$ und $\sphericalangle AA'P = \sphericalangle BB'P = 90^\circ$, also ist $AA' = BB'$ und daher, wenn man weitergeht, auch $= CC'$. Daraus folgt, wenn man in allen Punkten der Gerade PQ die Senkrechten errichtet und sie gleichlang macht (in unserem Falle $= AA'$), daß die Endpunkte nicht, wie in der euklidischen Geometrie, auf einer Gerade liegen, sondern auf einer Kurve; diese muß ja die Punkte A, B, C enthalten. Man nennt sie gewöhnlich *Abstandslinie*, und LOBATSCHEFSKIJ gab ihr den Namen *Hyperzykl*; während die Symmetralen aller Sehnen der Grenzlinie parallel sind, haben die Symmetralen aller Sehnen der Abstandslinie offenbar eine gemeinsame Senkrechte, nämlich PQ; denn nimmt man einen willkürlichen Punkt D der Kurve, dann ist, da $AA' = DD'$ ist, $AA'DD'$ ein Viereck von SACCHERI, und in diesem steht die Gerade, die die Mitten der oberen und unteren Seite verbindet, senkrecht auf den Seiten, d. h. die Symmetrale von AD ist $\perp PQ$. Und wenn man nun noch einen Punkt E betrachtet, so kann man dasselbe auch für die Sehne DE beweisen.

Kehren wir noch einmal zur Abbildung der hyperbolischen Planimetrie auf die eine Hälfte der euklidischen Ebene zurück (Fig. 27, S. 143). In der hyperbolischen Ebene denken wir uns ein System konzentrischer Kreise um einen Mittelpunkt M. Die Abbildungen der Durchmesser dieser Kreise auf die Ebene von Fig. 27 sind die Pseudogeraden durch den Bildpunkt M' von M (und durch das Spiegelbid von M' in bezug auf l, wenn wir die Kreise auch auf der unteren Hälfte der Ebene zeichnen würden); sie bilden also ein Büschel, von dem M' der eine Grundpunkt ist. Die orthogonalen Trajektorien dieser Pseudogeraden bilden ebenfalls ein Kreisbüschel, für das aber M' nun ein Grenzpunkt ist (Nullkreis); die Kreise dieses neuen Büschels sind also die Abbildungen der Kreise des konzentrischen Büschels in der hyperbolischen Ebene, und *wir ersehen daraus, daß ein Kreis der hyperbolischen Ebene durch einen Kreis der euklidischen Ebene abgebildet wird, der l nicht schneidet*. Zu den Kreisen des Büschels mit dem Grenzpunkt M' gehört als letzter Kreis auch l; l ist also die Abbildung des Kreises um M mit unendlich großem Radius.

Nehmen wir an, daß in Fig. 27 ein Kreis C' die Gerade l in einem Punkte M' berührt. Alle Pseudogeraden, die diesen Kreis senkrecht schneiden, gehen durch M' und berühren einander hier. C' ist also die Abbildung eines Kreises C, dessen Mittelpunkt M

39. Kreis, Grenzlinie (Horizykl) und Abstandslinie (Hyperzykl) 153

im Unendlichen liegt und dessen Radien untereinander parallel sind; C ist also eine Grenzlinie und *wir lernen daraus, daß eine Grenzlinie durch einen Kreis abgebildet wird, der l berührt.* Eine Grenzlinie ist also ein Kreis, der das Unendliche der hyperbolischen Ebene berührt und den unendlich fernen Berührungspunkt zum uneigentlichen Mittelpunkt hat; sie erinnert uns also sehr an die Parabel der euklidischen Ebene, nur mit dem Unterschied, daß alle ihre Durchmesser sie senkrecht schneiden.

Lassen wir schließlich in Fig. 27 einen Kreis C' die Gerade l in zwei Punkten L'_1, L'_2 schneiden und betrachten wir ausschließlich den über l liegenden Teil dieses Kreises; er ist die Abbildung einer Linie mit zwei verschiedenen unendlich fernen Punkten L_1, L_2. Alle Pseudogeraden, die C' senkrecht schneiden, bestimmen nun diesmal ein Büschel mit Grenzpunkten, nämlich L'_1 und L'_2, und zu den Kreisen des zugeordneten Büschels (bestimmt durch C' und l, und das daher die reellen Grundpunkte L'_1, L'_2 hat) gehört nun diesmal auch eine Pseudogerade, nämlich der Halbkreis über dem Durchmesser L'_1, L'_2; die Normalen der Linie C selbst haben also diesmal keinen Punkt mehr gemein, sodaß die Linie nicht mehr als Kreis aufgefaßt werden kann, aber sie haben alle eine gemeinschaftliche Senkrechte, die auf den Halbkreis $L'_1 L'_2$ abgebildet wird; sie ist eine Abstandslinie und *die Abstandslinie wird also auf einen Kreis, der die Gerade l schneidet, abgebildet.* Die Gerade selbst tritt in diesem Zusammenhang auch als Abstandslinie auf; doch als Abstandslinie, die mit der gemeinsamen Normale ihrer Normalen zusammenfällt.

40. Sätze über die Inhalte von Vierecken und Dreiecken.

Am Schlusse unserer Betrachtungen über die nicht-euklidischen Geometrien behandeln wir nun noch die Sätze, die sich auf den Inhalt ebener Figuren beziehen, insbesondere diejenigen, die den einfachen Zusammenhang zwischen dem Inhalt eines Dreiecks und der Winkelsumme angeben.

Zuerst erinnern wir daran, daß wir in Abschn. 27 (S. 102) ein Viereck mit drei rechten Winkeln, das die Hälfte eines Vierecks von SACCHERI ist, ein Viereck von LAMBERT genannt haben, und beweisen dann unmittelbar den folgenden

Satz I. *Zwei Vierecke von LAMBERT, die den nicht rechten Winkel und eine der beiden diesem Winkel anliegende Seiten gleich haben, sind kongruent.*

Beweis. Es sei $ABCD$ (Fig. 34) eines der beiden Vierecke, und D der nicht rechte Winkel; bezeichnen wir dann in dem anderen Viereck die übereinstimmenden Eckpunkte mit denselben Buchstaben, aber mit Akzenten, so setzen wir also voraus, daß $\sphericalangle D' = \sphericalangle D$, und überdies z. B. $C'D' = CD$ ist. Wir legen nun das zweite Viereck so auf das erste, daß $C'D'$ auf CD zu liegen kommt; wegen der rechten Winkel bei C' und C kommt dann $C'B'$ längs CB zu liegen, und wegen der gleichen Winkel bei D' und D fällt $D'A'$ längs DA. Fiele nun $A'B'$ nicht mit AB zusammen, so wäre $ABB'A'$ ein Viereck mit vier rechten Winkeln, was weder in der elliptischen noch in der hyperbolischen Geometrie möglich ist; also muß auch $A'B'$ auf AB fallen und die beiden Vierecke können also vollkommen zur Deckung gebracht werden.

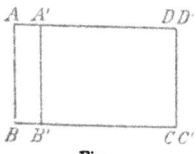

Fig. 34

Man beachte, daß der ganze Beweis seine Bedeutung verliert, wenn wir annehmen, es mit der euklidischen Geometrie zu tun zu haben, denn dort hat ein Rechteck immer vier rechte Winkel; tatsächlich sind da auch zwei Rechtecke durchaus nicht kongruent, wenn sie eine Seite gleich haben, und so gelten also der eben bewiesene und daher auch die daraus noch abzuleitenden Sätze ausschließlich in den nicht-euklidischen Geometrien, und ohne daß in der euklidischen von irgendeinem Analogon die Rede sein kann.

Satz II. *Jedes Dreieck ist ebenso groß wie ein bestimmtes Viereck von SACCHERI, und die Winkelsumme des Dreiecks ist das Doppelte eines Scheitelwinkels dieses Vierecks.*

40. Sätze über die Inhalte von Vierecken und Dreiecken 155

Für den Beweis dieses Satzes möchten wir auf Fig. 18 und Abschn. 30, S. 111 verweisen; wir verbinden die Mitten D und E von AB und AC, fällen von B und C aus die Senkrechten BB' und CC' darauf und finden, daß $\triangle AA'D \cong \triangle BB'D$ und $\triangle AA'E \cong \triangle CC'E$ ist, womit beide Sätze unmittelbar bewiesen sind.

Satz III. *Zwei Dreiecke mit derselben Basis und derselben Winkelsumme sind gleichgroß.*

Beweis. Wir verbinden in Fig. 35 die Mitten P und Q von AC und BC, fällen von A und B aus auf die Verbindungslinie die Senkrechten und finden ein Viereck von SACCHERI $AA'B'B$, das nach Satz II ebenso groß ist wie das Dreieck ABC. Tun wir nun dasselbe mit $\triangle ABD$, so ist es vorläufig natürlich nicht sicher, daß die Gerade, welche die Mitten von AD und BD verbindet, mit $A'B'$ zusammenfällt;

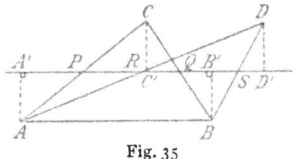

Fig. 35

wir setzen also voraus, daß wir eine andere Gerade erhalten und also auch ein anderes Viereck $AA''B''B$, das ebenso groß ist wie $\triangle ABD$. Nun haben aber die beiden Vierecke die Seite AB gemeinsam, und überdies die nicht rechten Winkel bei A und B, denn diese sind ja gleich der halben Winkelsumme des zugehörigen Dreiecks, und diese zwei Summen sind voraussetzungsgemäß einander gleich; also fallen nach Satz I die beiden Vierecke zusammen, und die Dreiecke sind also gleichgroß; Satz I nämlich spricht zwar von Vierecken von LAMBERT, während wir hier mit Vierecken von SACCHERI zu tun haben, aber da jedes Viereck von SACCHERI zwei kongruente Vierecke von LAMBERT enthält, ist unmittelbar einzusehen, daß Satz I ebensogut für Vierecke von SACCHERI gilt wie für Vierecke von LAMBERT. Haben nämlich die Vierecke von SACCHERI die obere Seite und die nicht rechten Winkel gleich, und legt man sie aufeinander, dann würde bei nicht vollkommener Deckung wieder ein Viereck mit vier rechten Winkeln entstehen; und haben sie die anderen, den nicht rechten Winkel bildenden Seiten gleich, dann sind ihre Hälften, nämlich die Vierecke von LAMBERT, in die sie zerfallen, kongruent.

Fälle von den Punkten C und D die Senkrechten CC', DD' auf $A'B'$; $\triangle AA'P$ ist dann $\cong \triangle CC'P$ ($AP = CP$, die Winkel bei P sind gleich als Scheitelwinkel, und die Winkel bei A' und C' sind rechte), also ist $CC' = AA'$, und aus demselben Grunde ist $DD' = AA'$, aber überdies ist $CC' = DD' = BB'$. Konstruiert man also die Abstandslinie oder den Hyperzykl (Abschn. 39, S. 152), der $A'B'$ zur Achse hat und als konstanten Abstand AA', dann liegen auf diesem die Punkte C und D, oder anders ausgedrückt, D liegt auf der Abstandslinie von C (für die Achse $A'B'$).

Es sei umgekehrt D einmal ein willkürlicher Punkt der Abstandslinie von C, dann ist neuerdings $\triangle AA'R \cong \triangle DD'R$, doch nun weil $AA' = DD'$, die Winkel bei R gleich und $\sphericalangle A' = \sphericalangle D' = 90^0$ ist; hieraus folgt $AR = DR$, und auf dieselbe Weise $BS = DS$, sodaß die Gerade, die die Mitten R und S der auf der Grundlinie aufstehenden Seiten von $\triangle ABD$ verbindet, mit $A'B'$ zusammenfällt. Dann fällt aber auch das Viereck von SACCHERI, das ebenso groß ist wie $\triangle ABD$ und überdies durch seine Scheitelwinkel die Winkelsumme dieses Dreiecks angibt, mit $AA'B'B$ zusammen, sodaß $\triangle ABD$ ebenso groß ist und dieselbe Winkelsumme hat wie $\triangle ABC$. Nimmt man dagegen einen nicht auf der Abstandslinie gelegenen Punkt an, z. B. einen auf der Gerade CC' etwas über oder unter C gelegenen, dann entsteht ein Dreieck, das unmöglich gleich $\triangle ABC$ sein kann. Hiermit ist der folgende Satz bewiesen, der im Grunde genommen das Umgekehrte von Satz III ist:

Satz IV. *Der geometrische Ort der Scheitel aller Dreiecke mit gemeinsamer Grundlinie und gleichem Inhalt ist eine bestimmte Abstandslinie; infolge des gleichen Inhalts ist auch die Winkelsumme für alle gleichgroß.*

Aus den Sätzen I—IV wollen wir nun einige Folgerungen ableiten, die für unser Ziel von Bedeutung sind. Zunächst können wir nebenbei bemerken, daß in allen Dreiecken von Fig. 35 die Strecke, die die Mitten der auf der Grundlinie aufstehenden

Seiten verbindet, nicht nur immer auf derselben unbegrenzten Gerade liegt, sondern auch immer gleichlang ist; denn man beweist unmittelbar, daß PQ die Hälfte von $A'B'$ ist. Aber wichtiger ist folgendes:

Satz V. *Man kann ein gegebenes Dreieck in ein anderes mit derselben Grundlinie und demselben Inhalt verwandeln, wenn ein Winkel an der Basis gegeben ist.*

Man braucht nur (Fig. 35) den gegebenen Winkel, z. B. BAD, bei A abzutragen, den schräg liegenden Schenkel mit $A'B'$ in R zum Schnitt zu bringen, und AR zu verdoppeln. Doch muß man, was den gegebenen Winkel anbelangt, einige Vorsicht walten lassen, wo es sich um die hyperbolische Geometrie handelt, denn er könnte hier zu klein oder zu groß gewählt werden. Nennt man die Winkelsumme von $\triangle ABC$ 2Σ, dann ist $\sphericalangle A'AB = \Sigma$, und wenn nun $\Pi(AA')$ den zu AA' gehörigen Parallelwinkel bedeutet (Abschn. 38, S. 148), dann darf der gegebene Winkel nicht kleiner als $\Sigma - \Pi(AA')$ sein, weil sonst der Schenkel AD die Gerade $A'B'$ überhaupt nicht schneiden würde, und die Punkte R und D nicht bestünden. Betrachtet man anderseits $\sphericalangle ABD$ als den gegebenen Winkel, so sieht man, daß er nicht größer sein darf als $\Sigma + \Pi(AA')$.

Satz VI. *Man kann ein gegebenes Dreieck ABC stets in ein anderes mit derselben Grundlinie und demselben Inhalt verwandeln, wobei eine der auf der Grundlinie aufstehenden Seiten größer ist als eine der auf der Grundlinie aufstehenden Seiten von $\triangle ABC$.*

Wählt man z. B. $AD > AC$, dann wird der Kreis um A als Mittelpunkt und mit dem Halbmesser $\frac{1}{2}AD$ die Gerade $A'B'$ notwendig in einem Punkte R schneiden, weil $AR > AP$ ist; dadurch ist der Punkt D bestimmt.

41. Über den Inhalt von Dreiecken und Vielecken.

Satz. *Zwei Dreiecke mit derselben Winkelsumme sind gleichgroß.*

Beweis. Heißen die Dreiecke ABC und $A'B'C'$, dann wählen wir z. B. AB und $A'B'$ als Grundlinien und nehmen ferner eine Länge l an, die größer ist als die beiden anderen Seiten der beiden Dreiecke. Nach Satz VI des vorhergehenden Abschnittes können wir dann jedes der beiden Dreiecke unter Beibehaltung der Grundlinie, des Inhaltes und der Winkelsumme in ein anderes mit einer Seite $= l$ verwandeln, und erhalten auf diese Weise zwei Dreiecke, die eine Seite und überdies die Winkelsumme gleich haben; nach Satz III sind diese aber gleichgroß, also auch die gegebenen.

Wir müssen hier eine Bemerkung einschalten. Aus der Tatsache, daß wir es für möglich ansehen, eine Länge l größer als die Seiten der beiden Dreiecke zu wählen, folgt, daß wir die Seiten stillschweigend endlich groß voraussetzen; dies ist nun in der elliptischen Geometrie, wo die ganze Gerade endlich ist, selbstverständlich, aber in der hyperbolischen durchaus nicht, wir können uns ja ein Dreieck aus zwei parallelen Geraden und einer Schnittlinie beider gebildet denken. Obgleich man behaupten könnte, daß eine solche Figur eigentlich kein Dreieck ist, weil einer der Eckpunkte nicht wirklich existiert, so würde doch nach allem, was voranging, vor allem auch nach dem, was wir in Abschn. 9 gesagt haben, eine solche Auffassung wenig mit dem modernen Standpunkt in Übereinstimmung sein; wir werden also solche Figuren wohl mit Recht Dreiecke nennen, sie aber vorläufig von der Betrachtung ausschließen, um sie am Ende unseres Beweises mittels eines Limitüberganges wieder zu erreichen.

Satz. *Zwei Dreiecke, die gleichgroß sind, haben dieselbe Winkelsumme.*

Beweis. Geht man auf dieselbe Weise vor, wie im vorhergehenden Beweis, so findet man zwei Dreiecke, die gleichgroß sind und eine Seite gleich haben; nach Satz IV haben sie dann auch dieselbe Winkelsumme.

Man sieht aus diesen zwei Sätzen, daß in den nicht-euklidischen Geometrien die Winkelsumme eines Dreiecks den Inhalt bestimmt, und umgekehrt der Inhalt die Winkelsumme, und wir wollen noch einmal ausdrücklich darauf hinweisen, daß diese Resultate so-

41. Über den Inhalt von Dreiecken und Vielecken

wohl für die elliptische wie für die hyperbolische Geometrie gelten, weil wir im vorhergehenden Abschnitt nur von Tatsachen Gebrauch gemacht haben, die für beide Geometrien zugleich gelten, nur mit einem Vorbehalt: wo die elliptische Geometrie gilt, müssen wir annehmen, daß unsere Figuren ganz und gar in einem „Normalgebiet" liegen (vgl. Abschn. 35, S. 133), d. h. in einem Gebiet, das mit einem Punkt niemals zugleich auch den Gegenpunkt enthält, und in welchem also das sechste Postulat gilt und z. B. (vgl. Fig. 35, S. 155) von einem Punkte auf eine Gerade nur eine Senkrechte gefällt werden kann.

In der elliptischen Geometrie ist die Winkelsumme in einem Dreieck größer als zwei Rechte und den Überschuß über zwei Rechte nennt man *Exzeß;* in der hyperbolischen dagegen ist die Winkelsumme in einem Dreieck kleiner als zwei Rechte und das, was noch zu zwei Rechten fehlt, nennt man *Defekt;* statt nun zu sagen, daß die Winkelsumme den Inhalt des Dreiecks bestimmt und umgekehrt, kann man natürlich ebensogut sagen, daß der Exzeß oder der Defekt den Inhalt bestimmt und umgekehrt.

Beweisen wir schließlich noch den folgenden

Satz. *Ist ein Dreieck gleich der Summe zweier anderer, dann ist auch sein Exzeß oder Defekt gleich der Summe von den Exzessen oder Defekten der beiden anderen und umgekehrt.*

Beweis. Wir ersetzen die beiden Dreiecke durch zwei andere, die eine Seite l gleich haben, was nach Satz VI von Abschn. 40 stets möglich ist, wenn man die Seite l nur richtig wählt. Nun ersetzen wir die beiden neuen Dreiecke wieder durch zwei andere, die noch immer die Seite l gleich aber überdies die Eigenschaft haben, daß ein der Seite l anliegender Winkel in dem einen Dreieck und einer im anderen Dreieck gegenseitig Supplementärwinkel sind, was in der elliptischen Geometrie stets, und in der hyperbolischen nur dann möglich ist, wenn man den Winkel geeignet wählt (vgl. Abschn. 40, bei Satz V). Nun kann man natürlich die beiden Dreiecke mit der gemeinsamen Seite l so aneinander fügen, daß sie zusammen ein neues Dreieck bilden, das also gleich der Summe der beiden anderen ist, für welches aber

auch offenbar die Winkelsumme gleich der Summe der Winkelsummen der Teildreiecke ist, vermindert um den gestreckten Winkel, der vom willkürlich gewählten Winkel und seinem Supplement gebildet wird, sodaß wir z. B. schreiben können:
$$2\Sigma_3 = 2\Sigma_1 + 2\Sigma_2 - 2R,$$
wenn R einen rechten Winkel bedeutet. Diese Gleichung können wir aber auch so schreiben:
$$2\Sigma_3 - 2R = (2\Sigma_1 - 2R) + (2\Sigma_2 - 2R),$$
wo tatsächlich zu lesen steht, daß der Exzeß des großen Dreiecks gleich der Summe der beiden anderen ist, was also für die elliptische Geometrie gilt. Man kann aber ebensogut schreiben:
$$2R - 2\Sigma_3 = (2R - 2\Sigma_1) + (2R - 2\Sigma_2),$$
und hat dann den Satz für die hyperbolische Geometrie bewiesen.

Ist also ein Dreieck zwei- oder drei- oder n-mal so groß als ein anderes, so gilt für den Exzeß oder den Defekt dasselbe, und so wird es klar, daß wir alle vorhergehenden Sätze in diesem einen zusammenfassen können:

Die Inhalte zweier Dreiecke verhalten sich wie ihre Exzesse oder Defekte.

Und nun können wir zum Schlusse diesen Satz noch auf eine andere Form bringen. Die Zahl, durch welche der Inhalt eines Dreiecks gegeben ist, hängt ganz von der Größe der Flächeneinheit ab, und diese kann man willkürlich wählen. Drückt man nun den Exzeß oder Defekt nicht in Graden aus, sondern in Bogenmaß, also in Teilen von π, dann kann man die Flächeneinheit so wählen, daß die Zahl, die den Flächeninhalt des Dreieckes angibt, mit der Zahl übereinstimmt, die den Exzeß oder Defekt angibt, und dann findet man also den Satz:

Der Flächeninhalt eines Dreiecks ist gleich dem Exzeß oder Defekt.

In dieser Form wird der Satz gewöhnlich ausgesprochen. Wie steht es nun mit einem Dreieck, bei dem ein oder mehrere Eckpunkte im Unendlichen liegen? Man braucht nur von einem

Dreieck auszugehen, bei welchem ein Eckpunkt sehr weit entfernt liegt, dann diesen Eckpunkt sich immer weiter entfernen zu lassen und festzustellen, daß der soeben bewiesene Satz noch immer gültig bleibt, um sich zu überzeugen, daß er seine Gültigkeit auch im Grenzfalle nicht verliert. So kann man sich insbesondere ein Dreieck denken, bei dem die Seiten paarweise parallel laufen (ohne aber alle drei nach demselben unendlich fernen Punkt zu konvergieren); *alle drei Eckpunkte liegen dann unendlich fern und alle drei Winkel sind null, sodaß der Defekt und daher der Flächeninhalt gleich π ist.*

Diese Dreiecke sind die größten, die in der hyperbolischen Geometrie möglich sind; läßt man die Winkelsumme zunehmen, dann nimmt die Größe des Dreiecks ab und zwar bis zu Null. In diesem äußersten Falle kann man sagen, daß das Dreieck unendlich klein geworden ist; aber die Winkelsumme ist 180^0 geworden, sodaß die Geometrie von EUKLID gilt; daher kommt es, daß man manchmal sagt, daß in der hyperbolischen Geometrie im unendlich Kleinen die Geometrie von EUKLID gilt, und auf diesem Wege hat GAUSS die hyperbolische Geometrie entdeckt.

In einem n-Eck kann man von einem Eckpunkt aus $n - 3$ Diagonalen ziehen, die das n-Eck in $n - 2$ Dreiecke teilen; jedes von ihnen hat einen Flächeninhalt, der gleich seinem Exzeß oder Defekt ist. Versteht man also unter dem Exzeß oder Defekt eines Vielecks mit n-Seiten den Überschuß der Winkelsumme über oder den Fehlbetrag unter $2(n - 2)$ Rechten, dann kann man sagen, daß *auch der Inhalt eines Vielecks gleich seinem Exzeß oder Defekt ist.*

42. Über pseudosphärische Flächen. — Die Begründer der mehrdimensionalen Geometrie.

Am Ende unserer Betrachtungen angelangt, wollen wir vom Leser mit einigen, miteinander nur in losem inneren Zusammenhange stehenden Bemerkungen Abschied nehmen. In erster Linie wollen wir, um vor allem ja keine falschen Ansichten Wurzel fassen zu lassen, noch einmal ausdrücklich wiederholen, was wir von Anfang an vorausgeschickt haben, daß alle unsere Betrachtungen höchst fragmentarisch sind, und also höchstens zur vorläufigen Orientierung dienen können, bevor man sich eingehenderen Studien widmet. So wurden insbesondere bei der nichteuklidischen Geometrie sehr wichtige, eigentlich die wichtigsten Fragen nicht zur Sprache gebracht, weil sie zu wenig elementar sind, zu viel Kenntnisse aus der höheren Mathematik voraussetzen, wie z. B. die Theorie der konformen Abbildung, die Funktionentheorie (insbesondere die Theorie der sogenannten hyperbolischen Funktionen) und die Integralrechnung; möge der Leser sich deshalb ängstlich vor dem Wahne hüten, als sei er nach dem Studium dieses anspruchslosen Büchleins „Meister aller Waffen".

Eine zweite Bemerkung bezieht sich auf eine kleine Ergänzung. Schon in Abschn. 31, S. 114, erwähnten wir mit einem Wort das Krümmungsmaß einer Fläche in einem Punkte (1: das Produkt der beiden Hauptkrümmungsradien) und Flächen, die in allen ihren Punkten dasselbe Krümmungsmaß besitzen; unter diesen gibt es auch Rotationsflächen, sowohl wenn das Krümmungsmaß positiv als auch wenn es negativ ist, und unter diesen Rotationsflächen von konstantem positiven Krümmungsmaß findet man als einfachstes Beispiel die Kugel, und auf dieser interpretieren wir hauptsächlich die RIEMANNsche Geometrie, obwohl wir ebensogut jede andere Fläche von konstantem positiven Krümmungsmaß nehmen könnten, wenn wir dann nur „Geraden" die Kurven auf der Fläche nennen, die durch zwei Punkte bestimmt sind, also die sogenannten „geodätischen Linien" der Fläche, die an die Geraden der Ebene unter anderem auch noch durch die Eigenschaft erinnern, daß sie den kürzesten Abstand zwischen zwei Punkten auf der Fläche bestimmen.

Dies alles kann man nun fast wörtlich für Flächen mit negativem Krümmungsmaß wiederholen, die wohl auch pseudosphärische Flächen genannt werden, weil das Krümmungsmaß überall auf der Fläche dasselbe ist. Auf allen diesen pseudosphärischen Flächen gilt die Geometrie von LOBATSCHEFSKIJ-BOLYAI, sobald man die geodätischen Linien Geraden nennt.

42. Über pseudosphärische Flächen usw.

Auch befinden sich darunter wieder Rotationsflächen, und unter diesen ist eine, die bis zu einem gewissen Grade das Analogon der Kugel genannt werden kann und in der Regel als *Pseudosphäre* von BELTRAMI bezeichnet wird. Man erhält am leichtesten eine Vorstellung von dieser Fläche, wenn man an die Posaunen denkt, die zur Verzierung an Kirchorgeln vorkommen, wo sie von Engeln geblasen werden; denkt man sich so eine Posaune an der Seite des Mundstückes, also am dünnen Ende ins Unendliche verlängert und hierauf zwei dieser Instrumente mit den breiten Enden gegeneinander gedrückt, dann hat man eine ziemlich deutliche Vorstellung von einer Pseudosphäre. Die Kurve, die man rotieren lassen muß, um die Pseudosphäre zu erhalten, die sogenannte Meridianlinie der Rotationsfläche, ist die *Traktrix*, was soviel heißen will als „Zuglinie", denn das lateinische Verbum „trahere" bedeutet ziehen. Die Sache ist nämlich die, daß die Kurve die Eigenschaft hat, daß das Stück der Tangente zwischen dem Berührungspunkt und einer festen Gerade (gerade die Achse, um die sie rotieren muß, und die für die Kurve eine Asymptote ist) eine konstante Länge hat, sodaß ein Punkt, der die Kurve durchläuft, gleichsam eine Tangente von konstanter Länge hinter sich herzieht.

Drittens wollen wir die Frage beantworten, wer eigentlich als erster die Möglichkeit einer Geometrie von mehr als drei Dimensionen eingesehen und verkündigt hat. Allerdings ist die Entdeckung der mehrdimensionalen euklidischen Geometrie nicht in eine Linie mit der der nicht-euklidischen zu stellen, kostete es doch unendlich viel mehr Mühe, sich dem eisernen Griff des fünften Postulats zu entwinden, sich der Ketten zu entledigen, in die das Postulat das menschliche Denken geschlagen hatte, ja eigentlich selbst sich der Tatsache bewußt zu werden, daß dieses Postulat das freie, vorurteilslose Denken behinderte, als die logische Möglichkeit einer Geometrie von vier und mehr Dimensionen einzusehen, nachdem man die von 1, 2 und 3 Dimensionen kennengelernt hatte; wir könnten uns selbst hinterher darüber wundern, daß der Gedanke einer mehrdimensionalen

Geometrie sich nicht schon viel früher den im Generalisieren doch schon geschulten Mathematikern aufgedrängt hat, wenn wir uns nicht rechtzeitig des geistreichen Wortes von P. G. LEJEUNE-DIRICHLET, dem Nachfolger von GAUSS in Göttingen, erinnerten, der bei Gelegenheit einer seiner genialen Entdeckungen auf dem Gebiete der bestimmten Integrale zu sagen pflegte, daß der Gedanke, der seiner Entdeckung zugrunde liegt, zwar äußerst einfach sei, aber daß man auf ihn nichtsdestoweniger kommen muß!

Der erste, der Gedanken über mehrdimensionale Geometrie veröffentlicht und insbesondere den n-dimensionalen Raum definiert hat, war der deutsche Mathematiker und Sprachforscher HERMANN GRASSMANN (1809—1877) in seinem 1844 zuerst und 1862 in ganz umgearbeiteter Form zum zweitenmal erschienenen Werk: „Ausdehnungslehre" betitelt, während ungefähr gleichzeitig mit GRASSMANN der Engländer CAYLEY und der Franzose CAUCHY gelegentlich in ihren Abhandlungen Ausdrücke gebrauchten, die der mehrdimensionalen Geometrie entnommen waren, ohne daß aber die Entwicklung dieser Geometrie bei CAUCHY oder CAYLEY Hauptzweck war. Dann kommt die schon in Abschn. 31, S. 114, genannte Rede von RIEMANN vom Jahre 1854, in der von sehr hohem und allgemeinem Standpunkt aus die Grundeigenschaften eines ganz willkürlichen Raumes, euklidisch oder nicht, drei- oder mehrdimensional, auf meisterhafte Weise bloßgelegt werden, und hierauf beginnt langsam der breite Strom von Abhandlungen zu fließen, die die mehrdimensionale Geometrie nach allen Richtungen ausgebaut haben und augenblicklich eine vollständige Literatur über dieses Gebiet bilden.

Ein Name muß noch ausdrücklich genannt werden, weil sein Träger zweifellos mit noch mehr Recht als GRASSMANN der Begründer der mehrdimensionalen Geometrie genannt zu werden verdient; wir meinen LUDWIG SCHLÄFLI (1814—1895), Professor der Mathematik an der Universität zu Bern (mit dem Anfangsgehalt von 1200 Franken, das nach 10 Jahren gnädigst auf 1400 erhöht wurde, obwohl SCHLÄFLI sich inzwischen einen Weltruf zu erwerben gewußt hatte!). In den Jahren 1850—1852 hatte er eine Abhandlung mit dem Titel „Theorie der vielfachen Kontinuität" verfaßt, in der die mehrdimensionale Geometrie behandelt wird, man kann fast ohne Übertreibung sagen in ihrem ganzen Umfang. Gerade dieser Umfang aber wurde für den Verfasser verhängnisvoll. Die Akademie der Wissenschaften zu Wien, bei der das Stück vom Verfasser eingereicht wurde, mußte es wegen seines Umfanges zurückweisen; einen Auszug daraus zu machen und es im „Journal für die reine und angewandte Mathematik" von CRELLE zu publizieren, wie es ihm von seinem Freund STEINER angeraten wurde, dazu war SCHLÄFLI nicht geneigt; zu einer Veröffentlichung in extenso im erwähnten „Journal", wozu 1865 Hoffnung war, kam es ebensowenig, und so blieb es in der Mappe, bis es endlich im Jahre 1901, also lange nach des Verfassers Tode, durch die Bemühungen von SCHLÄFLIS Schüler und Nachfolger J. H. GRAF auf Kosten der „Schweizerischen naturforschenden Gesellschaft" und mit Unterstützung des Bundes ans Licht gefördert wurde. Da aber zeigte sich, wie P. H. SCHOUTE es im „Nieuw Archief voor Wiskunde", 2. Reihe, Teil VI, 2. Stück, S. 200, ausdrückt, das dieses um 1850 geschriebene Schriftstück an wissenschaftlichem Wert ein gut Teil von allem übertraf, was bis dahin auf dem Gebiete der mehrdimensionalen Geometrie erschienen war, übrigens wieder eine treffliche Bestätigung der so oft wahrgenommenen Tatsache, daß zu einer bestimmten Zeit bestimmte Ideen gleichsam in der Luft liegen, und hier oder dort zum Ausdruck kommen; so ging es mit LOBATSCHEFSKIJ und BOLYAI, die zur Zeit ihrer tiefsten Spekulationen, die der Entdeckung der hyperbolischen Geometrie vorausgingen, von ihrer gegenseitigen Existenz nichts wußten, so ging es auch mit GRASSMANN und SCHLÄFLI; alle vier echte Gelehrte, nicht für den eigenen Ruhm oder materiellen Vorteil arbeitend (welches Gebiet wäre hierzu auch weniger geeignet als das ihrige!), sondern weil der Geist sie dazu trieb; keiner von den vieren ist vor großen Enttäuschungen bewahrt geblieben, aber alle hielten nichtsdestoweniger unbeirrt an ihren Idealen fest. Ehre sei ihrem Andenken!

Alphabetisches Register.

(Die Zahlen bezeichnen die Seiten des Buches.)

Abbildungen 134; (ein-eindeutige —) 135; (konforme —) 136
Absolut normale Ebenen 48
Abstandslinie 152
Achtzell (regelmäßiges —) 81
Alexander der Große 7
Alexandrien 7
Anzahl der Neigungswinkel zweier Räume 65
Apollonius 10, 38
Archimedes 10, 11, 116, 120
Aristoteles 7, 120
Axiom (archimedisches —) 116

Barbarin (P.) 125
Beaugrand 40
Beltrami 102
Bolyai (Johann) 99, 112; (Wolfgang) 95

Cauchy (Augustin Louis) 164
Cayley (Arthur) 164
Chasles (Michel) 40

Defekt 159
Desargues (Girard) 37
Descartes (René) 37
Diagramme (von Schlegel) 28
Dimension 18
Dodekaeder 91
Doppelt-elliptische Geometrie 134

Ebene 13
Ein-eindeutige Abbildungen 135
Einfach-elliptische Geometrie 134
Elemente Euklids 9
Eudoxus 10

Euklid 2, 8, 9
Exzeß 159

Fermat (Pierre de) 37
Fünfzell 77; (regelmäßiges —) 79

Graf (J. H.) 165
Graßmann (Hermann) 164
Gauß (Karl Friedrich) 6, 14, 99, 112, 114
Gegenpunkte 113, 132
Geometrie von Euklid 116; (— von Lobatschefskij-Bolyai 120); (nichtarchimedische —) 120; (— von Riemann 125)
Gerade 13; (Riemannsche —) 130
Grad von Orthogonalität 56; (— von Parallelismus) 42
Grenzlinie 151

Hipparch 135
Horizykl 151
Hundertzwanzigzell (regelmäßiges —) 89
Hypersphäre 51
Hyperzykl 150
Hypothese (vom rechten Winkel) 116; (vom spitzen Winkel) 120; (vom stumpfen Winkel) 125

Ikosaeder 91
Inversion 141

Kepler (Johannes) 37
Klein (Felix) 6, 133
Konforme Abbildung 136
Körper (platonische —) 12

Alphabetisches Register

Kronecker (Leopold) 6
Krümmungsmaß 114, 162

Lambert (Johann Heinrich) 99, 102
Längenmaß (hyperbolisches —) 145
Legendre (Adrien Marie) 111, 112
Liebmann (Heinrich) 125
Lobatschefskij (Nikolaj Ivanovitsch) 99, 112

Maßpolytop 81
Museum 8

Oktaeder 91
Orthogonalität 45

Pappos 9
Parallelismus 42
Parallelwinkel 147
Pascal (Blaise) 37
Platonische Körper 12
Poincaré (Henri) 100, 103
Polytope 77
Poncelet (Jean Victor) 39
Postulate Euklids 14, 92; (das fünfte —) 95
Potenz der Inversion 141
Pseudoebenen 145
Pseudogeraden 143
Pseudosphärische Flächen 161
Ptolemäus Euergetes 8; (— Philadelphus) 8; (— Soter) 7

Punkt 4, 5; (unendlich ferne Punkte) 35
Punktwert 26

Raum (der dreidimensionale —) 18; (der vierdimensionale —) 22
Regelmäßige Polytope 77
Riemann (Bernhard) 14, 112, 114

Saccheri 99
Schilling (Martin) 88
Schlegel 26
Schoute (P. H.) 23, 78
Sechshundertzell 89
Sechzehnzell 83
Schläfli (Ludwig) 164
Simplex 26

Teilweise Orthogonalität 56
Teilweiser Parallelismus 42
Tetraeder 91
Thales von Milet 9
Theätet 10

Veronese (Giuseppe) 99
Viereck von Lambert 102; (— von Saccheri) 101
Vierundzwanzigzell 85
Vollständiger Parallelismus 42

Wallis (John) 95
Weber (Wilhelm) 115
Winkel 60
Würfel 91

Grundlagen d. Geometrie. V. Geh. Reg.-Rat Dr. *D. Hilbert*, Prof. a. d. Univ. Göttingen. 6. Aufl. Mit zahlr. Fig. (WuH 7.) [VI u. 264 S.] 8. 1923. Geb. RM 7.80

„... Das Buch stellt im besten Sinne des Wortes ein Meisterwerk dar und ist für jeden Naturwissenschaftler, mag er nun die Mathematik als Haupt- oder Nebenfach betreiben, aufs angelegentlichste zu empfehlen." (**Zeitschrift für Elektrotechnik usw.**)

Die Grundlagen der Geometrie als Unterbau für die analytische Geometrie. Von Dr. *L. Heffter*, Prof. a. d. Univ. Freiburg i. B. Mit 11 Fig. im Text. [IV, 27 u. VIII S.] gr. 8. 1921. Geh. RM 1.20

Die Grundbegriffe der reinen Geometrie in ihrem Verhältnis zur Anschauung. Untersuchungen zur psychologischen Vorgeschichte der Definitionen, Axiome und Postulate. Von Dr. *R. Strohal*, Privatdozent an der Universität Innsbruck. Mit 13 Fig. i. T. [IV u. 137 S.] 8. 1925. (Wiss. u. Hypoth., Bd. 27.) Geb. RM 6.40

Die Fragestellung geht hier über die gewöhnliche, welche der Diskussion irgendwelcher gegebenen logischen Fundamente der Geometrie gilt, hinaus und betrifft den Weg, auf dem diese erworben werden, ihre „psychologische Vorgeschichte". Die Art der abstraktiven Gewinnung gewisser Elementarbegriffe erklärt den Charakter der eigentlichen Axiome, während die Zusammenfügung jener Elemente zu synthetischen Definitionen das Auftreten der Postulate verständlich macht, welche als willkürliche, durch die Erfahrung nahegelegte Ausschließungen von logisch zulässigen Synthesen zu betrachten sind.

Die nichteuklidische Geometrie. Historisch-kritische Darstellung ihrer Entwicklung. Von Dr. *R. Bonola*, weil. Prof. a. d. Univ. Bologna. Aut. deutsche Ausg. besorgt von Prof. Dr. *H. Liebmann*, Heidelberg. 3. Aufl. Mit 52 Fig. im Text. [VI u. 207 S.] gr. 8. 1921. (Wiss. u. Hypoth., Bd. 4.) Geb. RM 5.60

„Das Buch ist als leicht verständlich und reich belehrend allen zu empfehlen, die von dieser geistigen Schöpfung der neueren Mathematik bequem sich eine Vorstellung verschaffen wollen." (**Deutsche Literaturzeitung.**)

Nichteuklidische Geometrie in elementarer Behandlung. Von Prof. Dr. *M. Simon.* Hrsg. von Dr. *K. Fladt*, Studienrat an der Realschule in Vaihingen. Mit 125 Fig. i. T. u. 1 Titelbild. [XVIII u. 115 S.] gr. 8. 1925. (10. Beiheft der Zeitschrift für math. und naturw. Unterricht.) Geb. RM 8.—

Nichteuklidische Geometrie in der Kugelebene. Von Dr. *W. Dieck*, Prof. am Realgymnasium zu Sterkrade. Mit 12 Fig. im Text und 1 Bildnis von Riemann. [II u. 51 S.] gr. 8. 1918. (Math.-Phys. Bibl. Bd. 31.) Kart. RM 1.20

Urkunden zur Geschichte der nichteuklidischen Geometrie. II. Band: W. und J. Bolyai, geometrische Untersuchungen. Von Geh. Rat Dr. *P. Stäckel*, Prof. an der Univ. Heidelberg. I. Teil: Leben und Schriften der beiden Bolyai. Mit der Nachbildung einer Aufzeichnung Johann Bolyais. [XII u. 281 S.] gr. 8. 1913. II. Teil: Stücke aus den Schriften der beiden Bolyai. [IV u. 274 S.] 1913. (Nur zus. käuflich.) Geh. RM 28.—

Verlag von B. G. Teubner in Leipzig und Berlin

de Vries, Die vierte Dimension.

Leopold Kroneckers Werke. Hrsg. auf Veranlassung der Preuß. Akademie der Wissenschaften. Von Geh. Reg.-Rat Dr. *K. Hensel*, Prof. a. d. Univ. Marburg. I. Band. Mit L. Kroneckers Bildnis. [X u. 484 S.] 4°. 1895. Geh. RM 37.—. II. Band. [X u. 541 S.] 4°. 1897. Geh. RM 41.—. III. Band 1. Halbband. [VIII u. 484 S.] 4°. 1899. Geh. RM 36.—

Über das Wesen der Mathematik. Von Geh. Rat Dr. Dr.-Ing. h. c. *A. Voss*, Prof. an der Universität München. 3., verm. Aufl. [VI u. 123 S.] gr. 8. 1922. Geh. RM 5.—

Die Mathematik im Altertum und im Mittelalter. Von Dr. *H. G. Zeuthen*, Prof. a. d. Univ. Kopenhagen. (Die Kultur der Gegenwart hrsg. von Prof. P. Hinneberg. Teil III, Abt. I, Lfg. 1.) [IV u. 95 S.] 1912. Geh. RM 3.80

Die Beziehungen der Mathematik zur Kultur der Gegenwart. Von Geh. Rat Dr. Dr.-Ing. h. c. *A. Voss*, Prof. an d. Univ. München. In einem Bande mit Die Verbreitung mathem. Wissens u. mathem. Auffassung. Von Dr. *H. E. Timerding*, Prof. an der Techn. Hochschule Braunschweig. (Die Kultur der Gegenwart. Hrsg. von Prof. Dr. *P. Hinneberg*. Teil III, Abt. 1, Lfg. 2.) [VI u. 161 S.] Lex.-8. 1914. Geh. RM 6.—

Über die mathematische Erkenntnis. Von Geh. Rat Dr. Dr.-Ing. h. c. *A. Voss*, Prof. a. der Universität München. (Die Kultur der Gegenwart. Hrsg. von Prof. Dr. P. Hinneberg, Berlin. Teil III, Abt. 1, Lfg. 3.) [VI u. 148 S.] Lex.-8. 1914. Geh. RM 4.—

Über den Bildungswert der Mathematik. Ein Beitrag zur philosophischen Pädagogik. Von Dr. *W. Birkemeier*, Berlin. [VI u. 191 S.] 8. 1923. (Wiss. u. Hyp. Bd. XXV.) Geb. RM 5.60

Physik. Unter Mitarbeit hervorragender Fachgelehrter herausgegeben von Hofrat Prof. Dr. *E. Lecher*, Wien. 2. Aufl. Mit 116 Abb. im Text. [VIII u. 849 S.] 4°. 1925. (Die Kultur der Gegenwart. Hrsg. von Prof. *P. Hinneberg*. Teil III, Abt. III, 1.) Geh. RM 34.—, geb. RM 36.—, in Halbleder geb. RM 40.—

Inhalt: I. Mechanik: E. Wiechert. II. Akustik: F. Auerbach. III. Wärmelehre: E. Dorn, A. Einstein, F. Henning, G. Hettner, E. Holborn, W. Jäger, K. Przibram, H. Rubens, L. Warburg, W. Wien. IV. Elektrizitätslehre: F. Braun, M. Dieckmann, J. Elster, R. Gans, E. Gehrcke, H. Geitel, E. Gumlich, W. Kaufmann, E. Lecher, H. A. Lorentz, St. Meyer, O. Reichenheim, F. Richarz, E. v. Schweidler, H. Starke, M. Wien. V. Lehre vom Licht: F. Exner, E. Gehrcke, H. A. Kramers, O. Lummer, M. v. Rohr, O. Wiener, P. Zeeman. VI. Allgemeine Gesetze und Gesichtspunkte: A. Einstein, F. Hasenöhrl, H. Mache, M. Planck, W. Voigt, E. Warburg.

Relativitätstheorie. Von Dr. *W. Pauli* jun., Privatdozent an der Univ. Hamburg. Mit einem Vorwort von Geh. Hofrat Dr. *A. Sommerfeld*, Prof. an der Univ. München. [IV u. 236 S.] gr. 8. 1921. (Sonderausg. aus der Encyklopädie der math. Wissenschaften.) Geh. RM 11.—, geb. RM 13.—

Atomtheorie des festen Zustandes. (Dynamik der Kristallgitter.) Von Dr. *M. Born*, Prof. an der Univ. Göttingen. 2. Aufl. Mit 13 Fig. i. Text u. 1 Tafel. [VI, 527—789 S.] gr. 8. 1923. (Fortschr. d. math. Wissensch. Bd. 4.) Geb. RM 13.40

Verlag von B. G. Teubner in Leipzig und Berlin

GPSR Compliance
The European Union's (EU) General Product Safety Regulation (GPSR) is a set of rules that requires consumer products to be safe and our obligations to ensure this.

If you have any concerns about our products, you can contact us on

ProductSafety@springernature.com

In case Publisher is established outside the EU, the EU authorized representative is:

Springer Nature Customer Service Center GmbH
Europaplatz 3
69115 Heidelberg, Germany

www.ingramcontent.com/pod-product-compliance
Lightning Source LLC
Chambersburg PA
CBHW071720100426
42873CB00016B/355